超伝導を詩う

Zheng Guo-qing

鄭　国慶

推薦のことば

　大学で学ぶことの目的や目標は、学生諸君により諸種であると思います。しかしながら、深い専門的知識や高度な技術、そして幅広い教養の習得を大学教育の主要な目的とすることに異存のある人は、少ないと思います。この目的達成のため岡山大学は、高度な専門教育とともに、人間活動の基礎的な能力である「教養」の教育にも積極的に取り組んでいます。

　限られた教育資源を活用し大学教育の充実を図るには、効果的かつ能率的な教育実施が不可欠です。これを実現するための有望な方策の一つとして、個々の授業目的に即した適切な教科書を使用するという方法があります。しかしながら、日本の大学教育では伝統的に教科書を用いない授業が主流であり、岡山大学においても教科書の使用率はけっして高くはありません。このような教科書の使用状況は、それぞれの授業内容に適した教科書が少ないことが要因の一つであると考えられます。

　適切な教科書作成により、授業の受講者に対して、教授する教育内容と水準を明確に提示することが可能となります。そこで教育内容の一層の充実と勉学の効率化を図るため、岡山大学では平成２０年度より本学所属の教員による教科書出版を支援する事業を開始いたしました。

　岡山大学出版会編集委員会では、提案された教科書出版

企画を厳正に審査し、また必要な場合には助言をし、教科書出版に取り組んでいます。

　今回、岡山大学オリジナルな教科書として、専門基礎科目（自然科学入門）と大学院専門科目（超伝導物理学）をカバーする教科書を出版することになりました。平易な言葉による超伝導や量子物理の解説、本学の教授らが行ったオリジナルな超伝導研究の紹介などが気軽に読めるようになっています。超伝導に関する研究成果が漢詩によって表現されているのが特徴で、巻末に漢詩の知識の概説と演習問題が配されるなど、文学を専攻する学生にとっても興味が持てる内容を多く含んでいます。

　本書が、今後も改良を加えながら、理工系の導入教育や物性物理学関連授業において効果的に活用され、学生諸君の研究力とレポートや論文作成能力の向上に大いに役立つことを期待しています。

　また、これを機に、今後とも、岡山大学オリジナルの優れた教科書が出版されていくことを期待しています。

令和 2 年 12 月

国立大学法人 岡山大学 学長 槇野 博史

序

　本書は、筆者が岡山大学理学部物理学科の1年生を相手に行った講義「自然科学入門」や、各地の大学院生や学部4年生に行った講義「超伝導」の内容をもとに書き下ろしたものである。内容は三章構成になっている。第一章では、量子化や量子物質、ボーズ・アインシュタイン凝縮など、物理学研究最前線のキーワードとともに、超伝導についてわかりやすく解説した。これらの内容を基に、幾つかの高校で出張授業を行ったり、徳島大学工学部の1年生に対して講演したこともある。第二章では、筆者らが行ってきた超伝導研究の成果を漢詩で表現し、語注と詩の日本語訳を付けた。また、原著英語論文にある代表的なグラフや新聞報道の切り抜きを載せ、研究の背景や成果の意義を解説した。内容は岡山大学大学院自然科学研究科で行ってきた講義や大阪大学大学院理学研究科及び中国科学院大学で行った集中講義で取り上げたトピックスであるが、ここでは数式を使わずに超伝導の最新研究成果を紹介した。第三章は岡山大学キャンパス内外の風景、天文学的事象や季節の移ろいを漢詩として記録したものである。また、超伝導やトポロジカル物理学研究の先駆者に対する追悼詩等も収録した。第二章同様、日本語訳や解説を付けて関連写真を載せた。これらの詩には、自然科学の研究は「疑問」から始まり、「観察」、「記録」、「連想」や「想像」などのプロ

セスを経て完成に向かう、というメッセージを込めた。さらに「解説」の項目では、超伝導の広がりや歴史上のエピソード、「科学と美」などのテーマについても触れている。最後に、巻尾に「附録」として漢詩に関する基本知識を簡略的に述べた。なお、章と章の間や各章と附録との間に関連がある所はその都度言及しておいた。

　ややもすれば、自然科学研究と漢詩との間には関係が薄いと考えるむきがあるかもしれない。しかし、その答えは否である。科学研究は成果を発信してなるべく多くの人に理解してもらって初めて完成する。その間、論文の作成や研究費を獲得するための申請書作成が大きな重みを占める。実験（研究）レポートや論文・申請書の作成にあたり、第一に重要なのは言葉の正確さである。これは漢詩では「吟字」に当たる。漢詩はその性格上、字数の制限が厳しい。そのために、的確な字を用いるのが肝要である。また、一首の漢詩の中では意図的な場合を除けば同じ字を二回使うことを憚る。これは科学論文にも共通する。一篇の論文で同じ単語を繰り返すと読者が飽きてしまう。第二に重要なのは、読み手に興味を持って最後まで読んでもらえる努力を払うことである。文章が退屈すぎたり論理がちぐはぐだったりするために、途中でさじを投げられては元も子もない。これは詩作で言えば、比喩や典故の引用、句の構成などの工夫がそれにあたる。また、漢詩は少ない字数で一つのストーリーを作る必要がある。これは自分の研究成果を簡潔にかつ的確に伝えなければならない点に似てい

る。このように、自然科学研究者の論文や申請書の作成と漢詩作りには共通点が多い。

日本には５世紀頃すでに中国から漢詩が伝来したと言われており、それ以来多くの人が漢詩に親しんできた。近代では夏目漱石や森鴎外などの文学者・医者が漢詩作を残しているし、物理学者の湯川秀樹博士も幼少期から《唐詩選》などを読んだという。本書に収録した五言詩と七言詩のすべては、その形式が唐の時代に確立した近（今）体詩である。また、詞（長短句が混ざった詩）については、その詞牌（詞題）を表題の前に記した（例：卜算子・水仙）。物理学を学ぶ若い方々に少しでも詩の心が芽生え、またレポートや論文の作成の一助となれば、望外の喜びである。

目次

第一章　超伝導体と兵馬俑

　図1は秦の始皇帝の墓を守る兵馬俑で、NHK等のテレビ番組で何度か見たことがあると思う。1974年に農夫が井戸を掘っているときにたまたま見つけたもので、世紀の大発見となった。二千年以上の眠りから目を覚ました兵士の表情（図2）は生き生きとしており、その姿も勇壮そのもの

図1　　　　　　　　　　　　図2

である。出土した当初の兵馬俑は着色されていた。図3のように[1]、顔に赤みを帯びた色が残っているが、空気に長期間さらされたために色が褪せてしまい、現在西安（長安）の博物館で見る兵馬俑にはほぼ塗料の痕跡がない。

　兵馬俑を装飾した塗料はいったいどんな物質だろうか？自然科学研究者でなくとも興味がわく。四百年程前のオランダの画家フェルメールが鮮やかな青を使って、天空やターバンなどを表現したが、そういう顔料は天然鉱物であり、主に今の中東地域から採掘されたものである。しか

し、兵馬俑に関しては多くの科学者たちが研究に力を注いだにもかかわらず、出土から 10 年以上が経っても判明しなかった。

図 3

話は変わるが、1986 年にスイスの科学者 Bednorz と Muller がこれこそ科学上の世紀の大発見をした。高温超伝導の発見である。超伝導はとても奇妙な物理現象で、現在は物質物理学の一大研究分野を形成している。筆者もこの分野の研究者であり、本書に超伝導の最新研究成果に関するものを多く収録した。

Bednorz と Muller が発見した高温超伝導を示す物質（高温超伝導体）は、銅と酸素を含むので、銅酸化物ともいわれる。発見のニュースを受け直ちに世界中で高温超伝導体作製のブームが巻き起こって、次から次へと新しい銅酸化物が見つかった。そうした中、1988 年にアメリカの二人の研究者（Sheng Z. Z. と Herman）が当時最高の性能（最高の

臨界温度）をもつ $Tl_2Ba_2Ca_2Cu_3O_{10}$ という物質を発見した。これだけでもすごい発見であったが、彼らはさらに副産物として $BaCuSi_2O_6$ という"新物質"も発見したと有名な科学雑誌 Nature で報告したのである。

それから一年後、ようやく中国からドイツに派遣された研究者が兵馬俑を装飾した塗料の物質を同定した。$BaCuSi_2O_6$ という化学式で書ける物質である。そう、Sheng と Herman がその一年前に報告した"新物質"そのものである。これは驚き以外に言葉が見つからない。二千年以上前に使われていた塗料が天然鉱石ではなく、人間が合成した人工物とは夢にも思わなかったことである。

現在、この $BaCuSi_2O_6$ は Han Purple（漢紫）と呼ばれている。また、シリコンと酸素の組成比を少し変えると、$BaCuSi_4O_{10}$ という物質ができ色が青に変わる（図 4）。この組成のよく似た物質は Han Blue（漢青）と呼ばれている。因みに、漢は秦に代わる中国の王朝で現代の中国語では Han と発音する。したがって、これらの物質の名付けは少しミスネーミングである。

漢紫($BaCuSi_2O_6$)の結晶構造は図 5 に示すように平面的なものである。このような構造は二次元構造と呼ばれている。二次元構造を持つ物質は、現在物質科学研究の主な対象である。前出の銅酸化物高温超伝導体も二次元構造をもつ。そういう訳で、漢紫($BaCuSi_2O_6$)の物理的な性質（物性）が盛んに調べられるようになり、現在も続いている[3]。そ

図 4　Han Blue（漢青）と Han Purple（漢紫）[2]

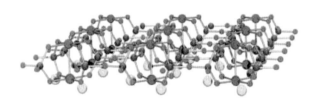

図 5　漢紫 $BaCuSi_2O_6$ の結晶構造[2]。黄：Ba，青：Cu，黒：Si，赤：O

んな中で、2006 年にアメリカの科学者たちは漢紫 $BaCuSi_2O_6$ が**ボーズ・アインシュタイン凝縮**を起こすと発表した。アインシュタインは有名な物理学者で、知らない人はいないと思うが、ボーズも二十世紀前半に活躍した物理学者である。

　さて、凝縮とは何だろうか？また、ボーズ・アインシュタイン凝縮は超伝導とどういう関係にあるのだろうか？それに答えるためには、まず電子を理解しなければならない。

物質の性質を決めるのは電子だからである。電子は負の電荷を帯びていることはよく知られているが、実はそれ以外にもう一つ重要な素性をもっている。電子は自転する、という素性である。そのため、電子は小さな磁石である。閉じた円形の針金に電流を流すと磁場ができると想像すればよい。電流の向きが逆転すると、磁場の方向も逆になる。電子の磁石としての性質をスピンという。

電子のスピンは角運動量で表され、その取り得る値は $+\hbar/2$ と $-\hbar/2$ である。すなわち、電子という小さな磁石の向きは二通りある。$\hbar= 1.05459\times10^{-34}$ ジュール・秒は物理定数である。電子のようなミクロな粒子の角運動量は合成（足し算や引き算）できる。例えば、二つの電子から合成される角運動量は 0 か $\hbar$ である。したがって、自然界にあるミクロな粒子の角運動量は 0, $\hbar/2$, $\hbar$, $3\hbar/2$, $2\hbar$…のように飛び飛びの値をとる。物理量が不連続で飛び飛びの値をとることを**量子化**という。

$\hbar$ の整数倍（ゼロを含む）の角運動量をもつミクロな粒子は**ボーズ・アインシュタイン粒子**といい、$\hbar$ の半整数倍の角運動量をもつミクロな粒子は**フェルミ・ディラック粒子**という。フェルミもディラックもノーベル賞を受賞した二十世紀の著名な物理学者である。これら二種類の粒子がもつ統計力学的な性質は大きく異なる。電子は $\hbar/2$ 角運動量をもつフェルミ・ディラック粒子である。フェルミ・ディラック粒子の場合、一つのエネルギー状態には二つのスピ

ンが互いに逆向きの粒子しか入れない。仮に３つの電子が
あるとしよう。そのうち２つの電子が最も安定した（エネ
ルギーが最も低い）状態に入り、残りはより高いエネル
ギー状態に入らなければならない。電子が５つある場合は、
エネルギーが最も低い状態と二番目に低い状態にそれぞ
れ２個ずつの電子が入り、５番目の電子はエネルギーが三
番目に低い状態に入らなければならない。フェルミ・ディ
ラック粒子が住む世界はあたかも階段教室のようなもの
で、しかも各階段に男女１人ずつ計２人しか座れないルー
ルが決められている。それに対して、ボーズ・アインシュ
タイン粒子の場合は、一つの状態をたくさんの粒子が占め
ることができる（図6）。階級制度のない世界と言えよう。

　階級制度のない世界には独特の魅力がある。先に述べた
超伝導体やボーズ・アインシュタイン凝縮を起こした漢紫
$BaCuSi_2O_6$はまさにその境地である。超伝導とは、ある温度
以下で電子が抵抗を受けずに運動することができ、エネル
ギー損失が無い現象である（図7）。そこでは、電子が対を
作って動くことはわかっている。対形成には、お互いスピ
ンの向きを逆さまにする（角運動量が 0）か、スピンの向
きを平行にする（角運動量が $1\hbar$）かの二パターンが可能で
ある。前者の対形成を**スピン一重項**といい、後者は**スピン
三重項**という。上の議論でわかるように、どのパターンの
電子対もボーズ・アインシュタイン統計のルールに従う。
　さて、一かけら（数グラム）の材料には莫大な数の電子

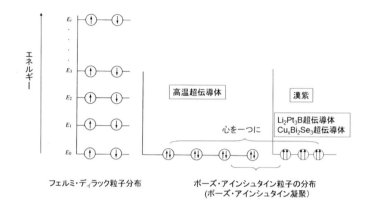

エネルギー

E_i

E_3

E_2

E_1

E_0

高温超伝導体

漢紫

Li_2Pt_3B超伝導体
$Cu_xBi_2Se_3$超伝導体

心を一つに

フェルミ・ディラック粒子分布

ボーズ・アインシュタイン粒子の分布
（ボーズ・アインシュタイン凝縮）

図6　ミクロな粒子の分布、ボーズ・アインシュタイン凝縮および漢紫と超伝導体

が入っている。その数は10^{23}の桁になる。ちなみに、1億は10^8で、1京は10^{16}なので、我々は1億京個程度の電子の振る舞いを考えることになる。超伝導は、このような莫大な数の電子対が心を一つにして歩調を合わせたがために実現する物質の状態である（図6）。莫大な数の粒子が歩調を合わせることを物理学の専門用語では凝縮という。超伝導が起こるのは、ボーズ・アインシュタイン凝縮が実現したからである。漢紫$BaCuSi_2O_6$が示すボーズ・アインシュタイン凝縮も、電子がスピンを平行方向にして、ある温度以下ではすべての電子が歩調を合わせた結果である。兵馬俑に塗ってある顔料（漢紫）は立派な量子物質である。ま

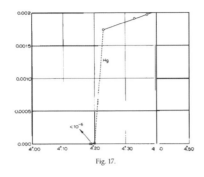

Fig. 17.

図7 1911年に水銀において初めて超伝導が観測された。左図の縦軸は
電気抵抗で横軸は絶対温度である。右はその発見者のKamerlingh Onnes
博士（1913年にノーベル物理学賞を受賞）。

た、漢紫とスピン三重項超伝導体は二千年の時を隔てた兄
弟とでも言うべき関係にある。

　超伝導性能の指標の一つは臨界温度（転移温度）である。
図8は年代とともに臨界温度がどのように推移してきたか
を示す。単体金属に続き、金属間化合物で次々と超伝導が
発見され、1980年代の半ばまでは臨界温度は絶対温度20
度（20K）を超えた。また、Nb_3Sn や Nb_3Ge 等はあいついで
産業や医療機器などに実用化された。しかし、液体ヘリウ
ム（沸点 4.2K）を用いて冷やさなければならない欠点が
あった。そこへ来て、1986年に $La_{2-x}Ba_xCuO_4$ という銅酸化
物で30Kを超える超伝導が Bednorz と Muller によって発
見され、数か月後についに液体窒素の沸点（77K）を超える

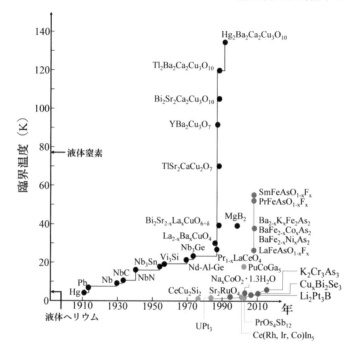

図8　超伝導臨界温度の移り変わり。1980年代以降は3つの流れがある
ことがわかる。銅酸化物高温超伝導体、鉄砒素系高温超伝導体及びその
他「非従来型」超伝導体と呼ばれる物質群（図中の赤丸や緑丸）の発見と
研究である。これらの多くは第二章で詠われる。

臨界温度をもつ高温超伝導体 $YBa_2Cu_3O_7$ が発見された。
$YBa_2Cu_3O_7$ の発見の意義は大きい。ヘリウムは極めて貴重な
天然資源であり、液化するのに大量の電力がかかるのに対
して、窒素は空気の主成分であり無尽蔵と言えるようなも

ので液化も容易である。

　超伝導体として、産業や生活への応用は二つの方向がある（図9）。一つは、エネルギー散逸（損失）がない性質を利用して、大きな磁場を発生させ維持するものである。間もなく開通する東海道リニア新幹線は車両に超伝導磁石を積む仕組みである。また、病院で急速に普及してきたMRI-CT（磁気共鳴断層画像）装置にも超伝導磁石を装着している。もう一つの方向は超伝導の量子効果を利用して、微弱な磁場を検出する精密機器への応用である。例えば、超伝導体の量子干渉という性質を利用すれば、心臓の脈動が作り出す微弱な磁場を 10^{-11} ガウスの精度で検出できる。ちなみに、地球が作りだす地磁気は1ガウス程度である。

　銅酸化物高温超伝導体の発見は、その後の超伝導体探索の方向を一変させた。まず、銅は遷移金属である。そこで、他の遷移金属を含んだ化合物も高温超伝導にもなるのではと期待が膨らむ。このようなごく素朴な疑問や自然な期待がルテニウム酸化物やコバルト酸化物超伝導体、さらに鉄砒素系高温超伝導体やクロム砒素系超伝導体の発見に繋がった（図8）。次に、それまでは超伝導と磁性はお互いに排除しあう関係にあると思われていた。しかし、銅酸化物高温超伝導はむしろ磁気相の近傍で発現するため、磁性と超伝導の関係に対する認識の変革を迫られた。

　超伝導の対形成に二通りあると述べたが、今までに発見された超伝導で圧倒的に多いのはスピン一重項状態であ

る。これには銅酸化物や鉄砒素系高温超伝導も含まれる。一方、スピン三重項超伝導体は、候補を含めても片手で数えられる程度である。そのうちの2つ（Li_2Pt_3B と $Cu_xBi_2Se_3$）は筆者の研究グループが実証したものである。

図9 超伝導リニアモーターカー（JR東海）と MRI-CT（岡山済生会病院）

　超伝導を担う電子対（クーパー対ともいう）にはスピンの配置（対称性）以外にもう一つ重要な素性がある。軌道である。軌道は波動関数で記述され、波動関数の二乗は電子を見つける確率である。軌道の対称性はスピンの配置と深く関わる。上で述べたように電子はフェルミ・ディラック粒子である。フェルミ・ディラック統計のルールによると、対を構成する二つの電子が位置座標を交換すれば、スピンをも含めた波動関数全体は符号を変えなければならない。スピン一重項電子対の場合は、二つの電子が位置座標を交換するとスピンの符号が変わるので、軌道部分は位置座標の交換に対して対称的（符号を変えない）でなけれ

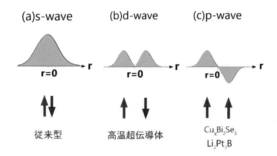

図 10　様々なタイプの超伝導波動関数とそれに対応する電子対スピンの
対称性。スピンの向きは矢印で表した。

ばならない。図 10 に示す s 波（s-wave）や d 波のような
関数は原点に対して左右対称なので、この要請に合致する。
一方、スピン三重項電子対の場合は、二つの電子が位置座
標を交換してもスピン部分の符号は何もかわらないので、
軌道関数が符号を変えなければならない。図 10 に示す p
波と呼ばれる波動関数はそのような条件を満たす。

　さて、電子対を束ねる引力は何であろうか？これが超伝
導研究のもう一つの重要な課題である。1970 年代前半まで
に見つかった超伝導体はすべてスピン一重項・s 波超伝導
体である。スピン一重項・s 波超伝導を「従来型超伝導」
とも言う。その場合の引力はイオンの振動を媒介としたも
のである。イオン振動が量子化したものをフォノンといい、
角運動量がゼロでボーズ・アインシュタイン統計に従う。
引力が生じる仕組みを図 11 にスケッチする。電子はイオ

ンが作った骨格（格子という）の合間を縫って走る。今、
電子1に注目してみよう。電子が負の電荷をもつので、そ

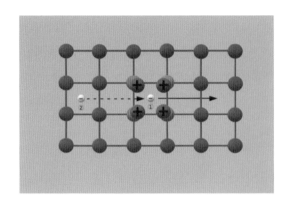

図11　イオン振動を媒介とした電子間引力の模式図。大きい球がイオン
を表し、小さい球が電子を示す。

れがいる場所（瞬間）に周りの正電荷をもつイオンが引き
付けられる。その瞬間に局所的に正電荷が増える。それを
電子2が感じ、電子1のいる場所に来ようとする。その結
果、電子1と2の間に有効的な引力が生じることになる。
　それに対して、銅酸化物高温超伝導体や鉄砒素系高温超
伝導体、さらにコバルト酸化物超伝導体やクロム砒素系超
伝導体では、格子振動由来の引力とは別の引力が働いてい
ると考えられている。候補として、磁気的なゆらぎ（磁性
の名残）や電子ネマティックゆらぎ（液晶のような秩序の
名残）が考えられている。その顕れとして、スピン一重項・

d 波の電子対やスピン三重項・p 波の電子対が形成されている。このような超伝導を「非従来型超伝導」とも言う。スピン三重項超伝導体 Li_2Pt_3B や $Cu_xBi_2Se_3$ の場合はさらにスピン軌道相互作用という相対論的な相互作用が絡む。

　第二章で、様々なタイプの超伝導体やそれを舞台として起こった新奇な現象、超伝導機構解明にまつわる関連物質や実験手法の開発、最近の新しい視点などが詠われる。

文献:

[1] 百度百科より。

[2] H. Berke, Chemistry in ancient times: the development of blue and purple pigments, Angew. Chem. Int. Ed. **41**, 2483 (2002).

[3] 漢紫と漢青は漢の時代以降は作られなくなり、忽然と歴史から消えた。これは、漢紫と漢青は当時流行った煉丹(人工の玉を作る)の副産物であることと関係する[4]。天然の玉が大量に入手できるようになると、人工的に玉を作る必要性がなくなり、漢紫と漢青も生産されなくなった。

[4] Z. Liu, A. Mehta, N. Tamura, D. Pickard, B. Rong, T. Zhou and P. Pianetta, "Influence of Taoism on the invention of the purple pigment used on the Qin terracotta warriors", J. Archaeol. Sci. (2007), doi:10.1016/j.jas.2007.01.005.

第二章　超伝導を詩う

緒言

浩瀚自然界，新形奇象繁。

繽紛衆表面，致簡一根源。

地面千山異，天空万事圓。

偸閑借筆墨，留取数行言。

(注)「繽紛」：色とりどり ;「致簡」：至って単純明瞭;
「偸」：盗む

はじめに

広大な自然界、様々な新奇現象。

色とりどりに見えても、多くの場合その根源は共通していてしかも単純明瞭。

地球上の山は千差万別でも、天空は360度どの方向から眺めても同じ。

余暇に筆を借りて、このことについて数行の言葉を書きのこすことにした。

解説：様々な自然現象は突き詰めて考えると、その背後に共通する原理が働いていることが多い。超伝導を含む物理現象でいうと、共通原理（概念）の一つは「対称性」で、もう一つは「トポロジー」である。高温では上と下、左と右、過去と未来の区別がなく高い対称性をもつが、低温になるとそのうちのいくつかまたはすべての対称性が破れることがある。詩の第５，６句「地面千山異，天空万事圓」は「対称性の低い地表と対称性の高い天空」を対比させている。因みに人間の美的感覚と対称性との間に深い関係があるようである。「美と真」については第三章で触れる。また、近年は「トポロジー」という数学の道具を用いた物質状態の分類が重要視されるようになった。この章では、これらの二つの概念に関する様々な実例を詠う。

自旋旋轉対称性破缺　其一

拓撲絕緣態，摻銅超導来。
三分一晶劣，五載幾心灰。
尋紋共鳴譜，定調手旋台。
自旋破対称，凝聚体初回。

(注)「自旋」：スピン；「缺」：欠ける；「拓撲」：トポロジ
カル；「摻」：混ぜる、ドープ；「心灰」：気持ちが萎
える；「紋」：指紋；「譜」：スペクトル；「手旋台」：
手動の回転台；「凝聚体」：凝縮体

スピン回転対称性の破れ　その一

トポロジカル絶縁体、
銅を混ぜると超伝導体となる。
三分間も経たないうちに結晶が劣化し、五年間
に幾度気持ちが萎えそうになったことか。
特有の指紋を核磁気共鳴のスペクトルが捉え、
決定打となったのは手動の回転台。
スピンが回転対称性を破る証拠、凝縮体で初め
てとなる。

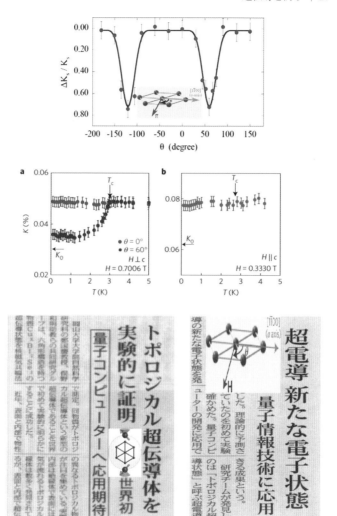

≪科学新聞≫
2016 年 6 月 10 日

≪日経産業新聞≫
2016 年 6 月 20 日

解説：本研究の対象物質 $Cu_xBi_2Se_3$ はその結晶自身が 3 回対称性（60 度回して元に戻る）を持つが、超伝導状態に入るとスピン磁化率が 2 回対称（180 度回して初めて元に戻る）になることを発見した[1]。このような現象をスピン回転対称性の自発的な破れといい、スピン三重項超伝導の決定的な証拠である。なお、超流動を示す液体ヘリウム 3（^3He）ではスピン三重項状態が実現しているが、液体故にスピン回転対称性が保たれている。第一章で述べたように、スピン三重項超伝導の軌道関数は奇関数であるため、このような超伝導体はトポロジカル的な性質を示す。

　トポロジーはもともと数学の概念で、連続変形に対して物体の性質が変わるかどうかを議論する学問である。トポロジーの世界においては、パンケーキは切らない限り、いくら変形させてもドーナツにはならない。そのため、両者は別物として扱われる。ここで重要なのは、ドーナツには穴があり、パンケーキには穴がないことである。この場合、穴の数はトポロジカル不変量と呼ばれる。近年、物質を特徴づける波動関数をトポロジーの観点から考察しながら物性を開拓する研究が盛んである。超伝導の場合は、その関数の不変量が焦点となる。時間反転対称性が保たれる場合の超伝導体は、その軌道関数が奇関数（奇パリティ）であることがトポロジカル超伝導体となる必須条件である。$Cu_xBi_2Se_3$ はその他の条件も満たしているので、トポロジカル不変量が定義でき、この物質はトポロジカル超伝導体で

ある。そのエッジ（表面や渦糸の中心）状態が量子コン
ピューターに応用できる。

文献：

[1] K. Matano, M. Kriener, K. Segawa, Y. Ando and
    Guo-qing Zheng,
    Spin-rotation symmetry breaking in the superconducting state
    of $Cu_xBi_2Se_3$.
    Nature Physics **12**, 852 (2016).

自旋旋轉対称性破缺　其二

朱槿強装笑，色衰微展眉。

陽光超閾値，紅臉始全開。

(注)「朱槿」：ハイビスカス；「臉」：顔

スピン回転対称性の破れ　その二

ハイビスカスが作り笑いをするも，色が悪くて眉をひそめる。

太陽の光が閾値を超えると、ようやく真赤な顔に満面の笑みがこぼれる。

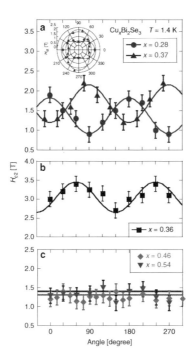

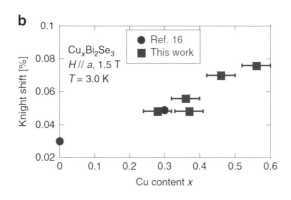

⬤ OKAYAMA UNIVERSITY e-Bulletin

Vol.27, March 2020

■ **Research Highlights**

Discovery of fully-gapped topological superconductors with potential applications in quantum computing

Electric currents do not dissipate energy in superconductors because electrons in these materials move without resistive forces. Recent research shows that some superconductors can host surface states known as Majorana excitations that have potential applications in new-generation quantum computing. However, the conditions the superconductors must satisfy for such application are very stringent. Firstly, the wave function must be topological, namely, it should have twists like a Möbius band. Secondly, the energy gap must be opened everywhere in momentum space when the material becomes a superconductor. Notably, there are no reports to-date of bulk superconductors that fulfill these conditions.

Now, a research group at Okayama University led by Guo-qing Zheng, working in collaboration with researchers at the Chinese Academy of Sciences, has discovered that copper-intercalated Bi₂Se₃

解説： $Cu_xBi_2Se_3$ $(x=0.3)$ がスピン三重項超伝導体であると明らかにした（前作参照）が、この銅組成の結晶ではエネルギーギャップという物理量が異方的になっている。運動量空間において、ギャップが極小になっている、或いは、ゼロになっている場所がある。この詩ではギャップの変化をハイビスカスの咲き具合に例えた。よく見かける真っ赤なハイビスカスの花は日照量が足りないと、色が薄く満開しない。詩では、ギャップが完全に開かないことを「微展眉」（"眉をひそめる"に近い状態をいう）と表現した。ギャップ異方性の現れとして、前頁の上図が示すように H_{c2}（上部臨界磁場）という物理量がかけた磁場と結晶軸との間の角度に対して振動する。一方、この研究は、銅の組成量がしきい値 0.46（これが詩の中でいう「閾値」）を超えると、H_{c2} が回転角度に対して振動しなくなり、ギャップが等方的になることを発見した[1]。このギャップが完全に開

く性質は、トポロジカル超伝導体の量子コンピューターへ
の応用においてより重要となる。エッジ（端）状態或いは
表面電子状態がより顕著に現れるからである。

文献：

[1] T. Kawai, C.G. Wang, Y. Kandori, Y. Honoki, K. Matano, T. Kambe and Guo-qing Zheng,

Direction and symmetry transition of the vector order parameter in topological superconductors $Cu_xBi_2Se_3$.

Nature Communications **11**, 235 (2020).

多重能隙

弛豫逢超導，飛泉千丈流。
誰知君異様，曲膝慢悠悠。

（注）「能隙」：エネルギーギャップ；「弛豫」：緩和；
「飛泉」：滝；「丈」：長さの単位で、1 丈は約 3.3
メートル

多重ギャップ

スピン格子緩和率は超伝導状態に出逢うと、断崖の
上から滝が流れ落ちるように急降下する。
しかし君は異様で、膝を曲げ悠々と山を下るとは。

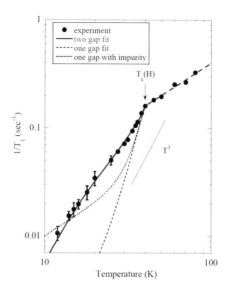

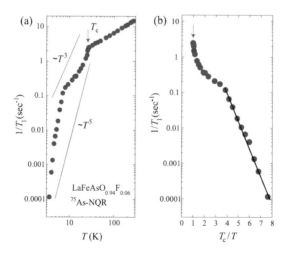

解説：物質がある状態から別の状態に転移するのは、そうした方がエネルギー的に得するからである。通常はエネルギーギャップを開くことによって利得を実現する。超伝導に関しても同様であり（《自旋旋轉対称性破缺 其二》を参照）、通常は単一のギャップを開く。本研究で、2008年に発見されたばかりの鉄系高温超伝導体（詩の中では「君」と表現）では複数のギャップが開くことを世界で初めて指摘した[1]。スピン緩和率の振る舞いからそのことを発見したのである。単一ギャップだと、緩和率が急激に減少する（「飛泉千丈流」）が、多重ギャップだと、低温では小さいギャップが支配的になって緩和がゆっくりとなり、膝を曲げるような形を作る（前頁の図を参照）。「曲膝慢悠悠」はこのことを言う。その後、他の系においても同様の振る舞いを見出した[2-3]。因みに、下記論文[1]は欧州物理学会が選んだ「超伝導発見100周年を記念する100篇の論文」（Collection of Highlights in Superconductivity）に入選した。

文献：

[1] K. Matano, Z.A. Ren, X.L. Dong, L.L. Sun, Z.X. Zhao and

Guo-qing Zheng,

Spin-singlet superconductivity with multiple gaps in $PrO_{0.89}F_{0.11}FeAs$.

Europhysics Letters **83**, 57001 (2008).

[2] S. Kawasaki, K. Shimada, G. F. Chen, J. L. Luo, N. L. Wang and Guo-qing Zheng,

Two superconducting gaps in $LaFeAsO_{0.92}F_{0.08}$.

Physical Review B **78**, 220506 (R) (2008).

[3] T. Oka, Z. Li, S. Kawasaki, G. F. Chen, N. L. Wang and Guo-qing Zheng,

Antiferromagnetic spin fluctuations above the dome-shaped and full-gap superconducting states of $LaFeAsO_{1-x}F_x$ revealed by [75]As-NQR.

Physical Review Letters **108**, 047001 (2012).

共存態

鉄砷鑭氧促奇葩，左壁右峰相畳加。
配対不需坍塌相，超流滲入別人家。

(注)「砷」：砒素 ;「鑭」：ランタン ;「氧」：酸素 ;「奇葩」：
奇抜 ;「畳加」：重ね合わせる ;「配対」：ペアリング、
対を作る ;「坍塌」：崩壊

共存する状態

鉄と砒素、ランタン、酸素とが奇抜な物性を生み出し、
左の絶壁と右の峯が相重なる。
電子対を作るのに秩序相の崩壊を必要とせず、
抵抗のない流れは人様の家まで滲み込んでいく。

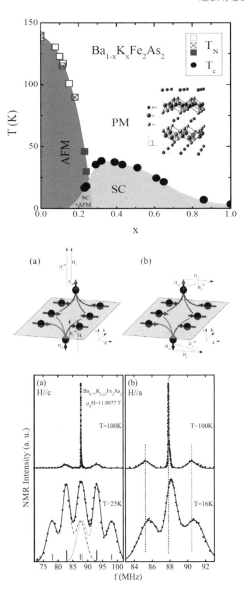

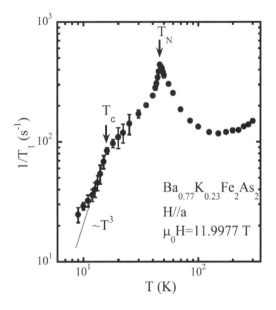

解説：長い間、超伝導と磁性はお互い相いれない関係にあると信じられてきた。本研究では両者がミクロな尺度で共存できることを示した[1]。詩の中で「左壁」は反強磁性秩序相（前頁上図では AFM と表示）を表し、「右峰」は超伝導ドーム（図中では SC と表示）を表現する。図からは超伝導が反強磁性秩序相に潜り込んでいる（「滲入」）様子がわかる。

　ミクロな尺度で異なる状態が共存しているかどうか判断する実験手段として核磁気共鳴（NMR）が適している。前頁中図のように、面内の鉄サイトで長距離磁気モーメントが発生した場合、面外の砒素サイトで内部磁場が発生する。

そのために、NMR のスペクトルが分裂する（前前頁下図）。分裂したピークでスピン緩和率 $1/T_1$ を測定すると、Tc 以下で著しい減少が見られた。これにより磁性と超伝導の共存がわかる。

　第一章で述べたように、従来型の超伝導体は磁性を嫌う性質がある。しかし、この物質及び他系[2-3]より得られた相図からは鉄系超伝導の発現にむしろ磁性が重要な役割を果たしていることが容易に想像できる。これについては次作でさらに論じる。

文献：

[1] Z. Li, R. Zhou, Y. Liu, D. L. Sun, J. Yang, C. T. Lin and Guo-qing Zheng,

Microscopic coexistence of antiferromagnetic order and superconductivity in $Ba_{0.77}K_{0.23}Fe_2As_2$.

Physical Review B **86**, 180501(R) (2012).

[2] R. Zhou, Z. Li, J. Yang, D.L. Sun, C.T. Lin and Guo-qing Zheng,

Quantum criticality in electron-doped $BaFe_{2-x}Ni_xAs_2$.

Nature Communications **4**, 2265 (2013).

[3] S. Kawasaki, T. Mabuchi, S. Maeda, T. Adachi, T. Mizukami, K. Kudo, M. Nohara and Guo-qing Zheng,

Doping-enhanced antiferromagnetism in $Ca_{1-x}La_xFeAs_2$.

Physical Review B **92**, 180508(R) (2015).

強相関

人言無漲落，磁性不相関。
我說君且慢，自旋非等閑。

(注)「漲落」：ゆらぎ； 「相関」：お互いに関係する

深い関係

人は、「ゆらぎが無く磁性は無関係」と言う。
私は、「待てよ、スピンは決してなおざりにしていい輩でないぞ」と示す。

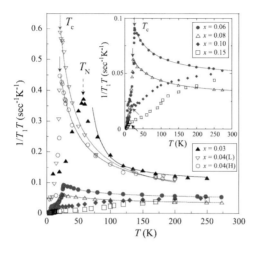

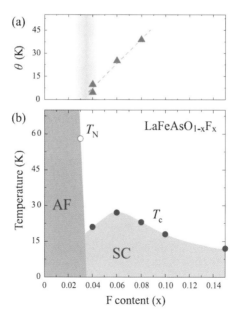

≪山陽新聞≫2012 年 1 月 17 日

磁性で超電導に

鉄酸化物 より高温の材料に道

岡山大学の研究チーム
は鉄を含む酸化物が磁性
によって電気抵抗ゼロの
超電導状態を引き起こす
ことを実験で明らかにし
た。これまで見つかった
物質中で超電導になる温
度が最も高い銅酸化物に
似た性質を持つ。鉄酸化
物に磁性の影響を最適化
すれば、より高温の超電
導材料が作り出せるとみ
ている。

郷国慶教授、川崎慎司
講師、大学院生の岡利英
氏らの成果で、米物理学
会の専門誌フィジカル・
レビュー・レターズ（電
子版）に近く掲載される。

実験には中国科学院物理
研究所から提供を受けた
鉄、ランタン、ヒ素の酸
化物を使った。

鉄酸化物系超電導材料
は、酸素原子の一部をフ
ッ素に置き換えるほど内
部の電子が増えて超電導
になる。今回、フッ素量
と超電導状態が起こる温
度の関係を詳しく調べた。
チームは
フッ素量を増やすと３
・５％までは反強磁性と
よぶ磁性を示し、それ以
上では超電導状態が表れ
た。フッ素を増やすに従
い超電導になる温度も上
昇。しかし６％で絶対温

度27度（セ氏零下
246度）まで達したの
を境に、
温度は低下に転じ
た。

超電導状態では
２個ずつ結びつき
ペアを
作る。チームは今
回、フッ素の置換量が
２個ずつ結びつき
果から、電子が増
え電子が
磁性が仲立ちして

≪日経産業新聞≫　2012 年 1 月 17 日

解説：鉄系高温超伝導体が発見された当初は、磁性が関係していない（「不相関」）と主張する研究者が少なくなかった。なぜなら、スピンゆらぎがない（「無漲落」）と思われたからである。しかし、本研究では、強いスピンゆらぎを観測し、その考えを否定した。実際、臨界温度の最も高い組成では、スピンゆらぎが最も強い。スピンゆらぎが弱くなると、臨界温度も下がっていく。このことからも、鉄系高温超伝導の発現に磁性が深くかかわっていることがわかる。

文献：

[1] T. Oka, Z. Li, S. Kawasaki, G. F. Chen, N. L. Wang and Guo-qing Zheng,

Antiferromagnetic Spin Fluctuations above the Dome-Shaped and Full-Gap Superconducting States of

$LaFeAsO_{1-x}F_x$ Revealed by ^{75}As-NQR.

Physical Review Letters **108**, 047001 (2012).

双峰

無阻流泉不可詮，迢迢千里覓根緣。
山回水轉崎嶇路，柳暗花明另外天。
俯首驚観熔焔起，挙頭欣見彩虹懸。
征途六載迎風雪，霧散雲開辨陌阡。

（注）「迢迢」：はるばる；「覓」：探し求める；「崎嶇」：でこぼこ、くねくね；「陌阡」：村中の小径。阡陌という言葉を押韻（付録を参照）のために順序を入れ替えて使った。

ダブル　ドーム

抵抗のない流れは不可解。
はるばる千里の道を辿りその源を探し求める。
山重なり水廻る険しい道。柳が暗く茂り花が明るく咲き、その先に別天地があった。
見下ろすと熔岩が噴出、見上げると虹が懸る。それに驚いたり喜んだり。
六年に亘る道のりは風と雪の中。今霧が散り去り、雲が晴れて、東西南北がようやくはっきりした。

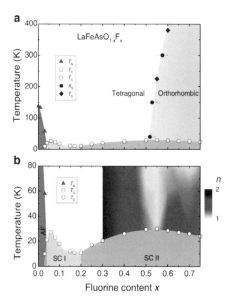

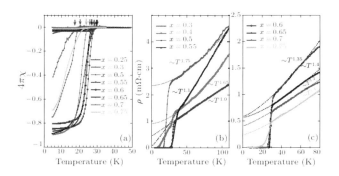

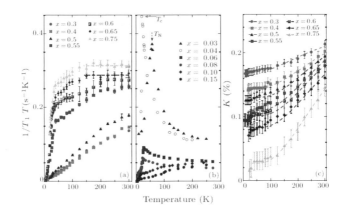

解説：鉄砒素高温超伝導体が反強磁性相のすぐ傍で発現し（前作《強相関》や《共存態》を参照）、その転移温度がドーム状を形成する。本研究では、反強磁性相から遠く離れた場所にもう一つの超伝導ドームが現れることを発見した（前頁上図）。そこでは、第一ドームで見られたような反強磁性的な磁気ゆらぎはない（この頁上図）[1]。この第二のドーム上では結晶構造が正方晶（Tetragonal）相から斜方晶（Orthorhombic）相に転移することを明らかにした[1-2]。詩の中ではこの相転移の境界線を「虹」と表現した。また、電気抵抗の温度依存性が温度の1乗に比例する異常な領域を見出した（前頁下図）。電気抵抗が温度の1乗に比例す

ることを前前頁上図 b では明るい色（カバーのそで部分の
カラー図では黄色）で表し、詩の中では「熔焔(熔岩)」と
表現した。電気抵抗のこのような温度依存性は、一種の量
子ゆらぎによるものと考えられる（次作《向列漲落（ネマ
ティックゆらぎ)》を参照）。因みに、通常の金属では低温
の電気抵抗は温度の 2 乗に比例する。

文献：

[1] J. Yang, R. Zhou, L.L. Wei, H.X. Yang, J.Q. Li, Z.X. Zhao and Guo-qing Zheng,

New Superconductivity Dome in $LaFeAsO_{1-x}F_x$ Accompanied by Structural Transition.

Chinese Physics Letters **32**, 107401 (2015).

[2] J. Yang, T. Oka, Z. Li, H.X. Yang, J.Q. Li, G.F. Chen and Guo-qing Zheng,

Structural phase transition, antiferromagnetism and two superconducting domes in $LaFeAsO_{1-x}F_x$ ($0 < x < 0.75$). SCIENCE CHINA Physics, Mechanics & Astronomy **61**, 117411 (2018).

向列漲落

側看成列竪成排，最美冰封搖曳台。
速客行逢斷崖底，步艱身重此由來。

(注)「向列」：ネマティック ;「漲落」：ゆらぎ ;「竪」：縦 ;
「冰封」：凍り付く ;「搖曳」：揺れ動く ;「艱」：困難 ;
「身重」：体が重い

ネマティックゆらぎ

横から見れば列を成し縦から見れば行を成す。
最も重要で興味深いのは凍りついた大地での揺
れ動く舞台。
身軽い旅人も崖の麓まで近づくと、
動きが鈍く体が重く感じる理由はこの舞台に由
来する。

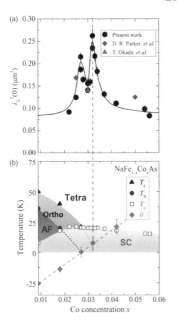

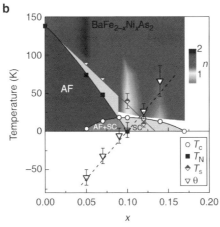

解説：縦方向の並びと横方向の並びが異なる状態をネマ
ティック状態という。液晶がその例である。ネマティック
秩序が崩れたあとでもその性格が残り、それをゆらぎとい
う。磁性についても同じである。熱的なゆらぎと区別して、
絶対零度でのゆらぎを量子ゆらぎといい、詩では「冰封搖
曳」と表現した。前頁の上図の縦点線はネマティック秩序
が完全に崩れた場所（「断崖底」はこのことをいう）で、そ
こでは電子の質量が増大（「身重」と表現）することを発見
した[1]。質量増大は量子ゆらぎ由来の新奇な性質である。
鉄砒素系超伝導体を舞台にしたネマティック量子ゆらぎ
は電気抵抗の温度依存性にも現れる（前作《双峰》参照）
[1-3]。

文献：

[1] C. G. Wang, Z. Li, J. Yang, L. Y. Xing, G. Y. Dai, X. C.
Wang, C. Q. Jin, R. Zhou and Guo-qing Zheng,
Electron Mass Enhancement near a Nematic Quantum
Critical Point in $NaFe_{1-x}Co_xAs$.
Physical Review Letters **121**, 167004 (2018).

[2] R. Zhou, L. Y. Xing, X. C. Wang, C. Q. Jin and Guo-qing
Zheng,
Orbital order and spin nematicity in the tetragonal phase of
the electron-doped iron pnictides $NaFe_{1-x}Co_xAs$.
Physical Review B **93**, 060502(R) (2016).

[3] R. Zhou, Z. Li, J. Yang, D.L. Sun, C.T. Lin and Guo-qing Zheng,

Quantum criticality in electron-doped $BaFe_{2-x}Ni_xAs_2$.

Nature Communications **4**, 2265 (2013).

多層系

当初築塔好多層，可惜過三無利盈。
要問縁何如此是，全因内外不均衡。

（注）「盈」：増大

多層系

築塔に際し当初は多層が好まれたが、残念ながら三層を超えるとご利益無し。
何故そうなのかと尋ねる。「内側と外側が不均衡になっているのが原因だ」。

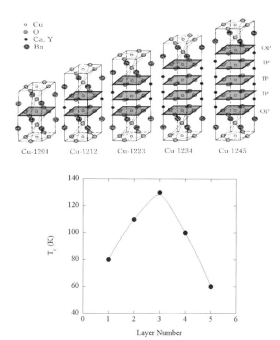

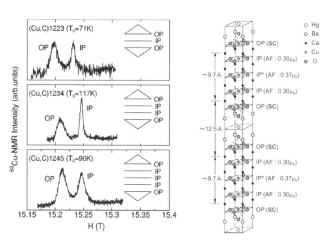

解説：1986 年に銅酸化物高温超伝導体が発見された。研究が始まった当初は、CuO_2 層（前頁上図）の数を 1 から 3 まで増やすと、臨界温度が上昇し続けた。この調子でいくと、4 層、5 層になれば臨界温度が室温に迫るのではないかとの期待があった。そのため、多くの研究者が層数を増やすことに力を注いだ（「好多層」と表現）。しかし、3 層が最適であることはすぐに分かった。4 層、5 層と層数が増えると逆に臨界温度が下がったのである（前頁中図）。その原因が何なのかを調べたところ、層数が増えると内側の CuO_2 面にはキャリアが入りにくい（「内外不均衡」と表現）ことが判明した。特に、5 層になると最内側の CuO_2 面にキャリアがほとんど入らず磁気秩序が発達してしまう（前頁下図）。ちなみに、層ごとの性質を調べることができるのは核磁気共鳴法の得意技であり強みである。

文献：

[1] K. Magishi, Y. Kitaoka, Guo-qing Zheng, K. Asayama, K. Tokiwa, A. Iyo and H. Ihara,
^{63}Cu-NMR probe of superconducting property in high-T_c cuprate $HgBa_2Ca_2Cu_3O_8$ with the highest T_c = 133 K.
Physical Review B **53**, R8906 (1996).

[2] H. Kotegawa, Y. Tokunaga, K. Ishida, Guo-qing Zheng, Y. Kitaoka, H. Kito, A. Iyo, K. Tokiwa, T. Watanabe and H. Ihara,

Unusual magnetic and superconducting characteristics in multilayered high-T_c cuprates.

Physical Review B **64**, 064515 (2001).

[3] H. Kotegawa, Y. Tokunaga, Y. Araki, Guo-qing Zheng, Y. Kitaoka, K. Tokiwa, K. Ito, T. Watanabe, A. Iyo, Y. Tanaka and H. Ihara,

Coexistence of superconductivity and antiferromagnetism in multilayered high-T_c superconductor $HgBa_2Ca_4Cu_5O_y$.

Physical Review B **69**, 014501 (2004).

媒介

旧日媒婆声子做，今朝仲介殘磁充。
自旋漲落多因素，能譜高移第一功。

(注)「声子」：フォノン；「做」：する、務める；「自旋漲落」：
　　スピンゆらぎ；「能」：エネルギー；「譜」：スペクト
　　ル

媒介

従来はフォノンが対を結びつける世話好きのおばさんの
役割を果たすが、今は磁性の名残が仲介役を引き受
けるようだ。
スピンゆらぎに様々な要素があるが、スペクトルを高い
エネルギー領域に移すことは臨界温度を上げるのに最
も効果的である。

$$T_c = \Gamma_Q \left(\frac{\xi}{a}\right)^2 \frac{(1-\delta)}{0.79} \exp(-1/\lambda)$$

	$\Gamma_Q \xi^2$	$\xi(T_c)$	T_c (K)
$YBa_2Cu_3O_7$	70 meV	$2a$	92
$Tl_2Ba_2Ca_2Cu_3O_{10}$	101 meV	$2.2a$	125

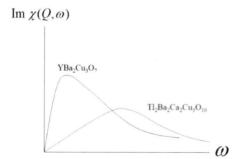

Im $\chi(Q,\omega)$

$YBa_2Cu_3O_7$

$Tl_2Ba_2Ca_2Cu_3O_{10}$

ω

解説：従来の超伝導は、格子振動（その量子化はフォノンという）が媒介して電子対が形成されることによって発現する（第一章参照）。昔は縁談の取り持ちを職業とする女性がいて、「媒婆」と呼ばれる。詩の第 1 句は、従来の超伝導体の電子対の「媒婆」はフォノンであることを詠う。銅酸化物高温超伝導はフォノン由来の引力では説明できない。対形成の「仲介」役は磁性の名残（「残磁」）、すなわちスピンゆらぎであろうと多くの研究者が考えた。スピンゆらぎを特徴付ける要素（「因素」）は、電子相関が及ぶ範囲（相関長 ξ）やエネルギー分布（スペクトル、前頁図参照）などである。筆者らは、最高の転移温度 Tc をもつ $Tl_2Bi_2Ca_2CuO_{10}$ や $Hg_2Bi_2Ca_2CuO_{10}$ のスピンゆらぎの特性を調べた。その結果、$YBa_2Cu_3O_7$ と比べると、相関長 ξ（格子定数 a で量る）はさほど変わらないが、スピンゆらぎのスペクトルが高いエネルギー領域に移っていることを明らかにした。これが Tc を上げる最大の原因（「第一功」、最大の功労者）である（前頁表参照）。実際、低エネルギーのスピンゆらぎはむしろ対破壊として働くという指摘がある。前頁の図で、スペクトルのピーク位置のエネルギーを特徴エネルギー Γ_0 と呼ぶ。物理量 $\Gamma_0\xi^2$ は従来の超伝導体のフォノンを特徴付ける温度（デバイ温度）に相当する。

文献：

[1] Guo-qing Zheng, Y. Kitaoka, K. Asayama, K. Hamada, H. Yamauchi and S. Tanaka,

Characteristics of the spin fluctuations in $Tl_2Ba_2Ca_2Cu_3O_{10}$.

Journal of the Physical Society of Japan **64** (1995) 3184.

[2] K. Magishi, Guo-qing, Y. Kitaoka, K. Asayama, K. Tokiwa, A. Iyo and H. Ihara,

Spin Correlation in High-Tc Cuprate $HgBa_2Ca_2Cu_3O_8$ with T_c=133 K -- An Origin of Tc-Enhancement Evidenced by ^{63}Cu-NMR Study--.

Journal of the Physical Society of Japan **64** (1995) 4561.

[3] K. Magishi, Y. Kitaoka, Guo-qing, K. Asayama, K. Tokiwa, A. Iyo and H. Ihara,

^{63}Cu-NMR probe of superconducting property in high-T_c cuprate $HgBa_2Ca_2Cu_3O_8$ with the highest T_c = 133 K -- a possible reason for the highest T_c value --.

Physical Review **B 53** (1996) R8906.

合理分配

如何得良法，可使樹高伸？
不只肥多寡，更須分配匀。

合理的な配分

どのようにすれば、木を高く伸ばせるのか、お尋ねします。
「肥料の多寡だけでなく、適切な配分も大事よ」。

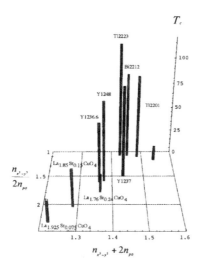

解説：超伝導の研究では、いかにして臨界温度（Tc）を上げるかが重大な課題である。詩では臨界温度を「樹」と表現した。肥（「肥料」）とは、電流を運ぶホール（電子が抜けた穴）のことである。ホールが多ければ良いというわけではなく、それを酸素と銅のサイトの間で適切に配分することが重要と指摘した研究である。

文献：

[1] Guo-qing Zheng, Y. Kitaoka, K. Ishida and K. Asayama, Local hole distribution in the CuO_2 plane of high-T_c Cu-oxides studied by NQR/NMR.

Journal of the Physical Society of Japan **64** (1995) 2524.

前兆

自然構新序，常例顕前駆。
標度有明律，超流無特殊。

（注）「構」：構築 ;「標度」：スケーリング ;「律」：法則

前駆現象

自然界や社会に新しい秩序ができるときは、常に前駆
現象が現れる。
明確なスケーリング則が観測されたので、超伝導秩序
に関しても例外ではない。

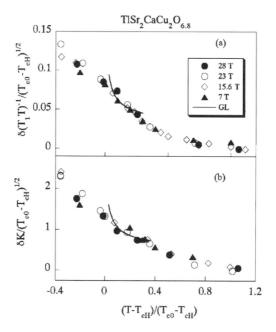

Gaussian Fluctuation

$$\frac{N_{CP}}{\sqrt{T_{c0} - T_{cH}}} \propto \sum_n \frac{1}{\sqrt{\frac{T - T_{cH}}{T_{c0} - T_{cH}} + \frac{2n}{0.69}}}$$

解説：革命前夜には必ず様々なざわめきが起こるように、電子は秩序状態に入る前に前駆現象を示す。超伝導も電子の秩序状態であり、その前駆現象を超伝導ゆらぎという。その現れとして、さまざまな物理量が減少する。銅酸化物高温超伝導体においては、超伝導転移よりも高い温度で幾つかの物理量が減少する「擬ギャップ」現象が現れる。これについては後出の作でさらに詳しく論ずる。擬ギャップの原因が超伝導ゆらぎではないか、と推測するのはごく自然な成り行きである。そこで、本研究では、超伝導臨界温度よりも高温で、物理量の温度と磁場に対する依存性を調べた。その結果、あるスケーリング則が存在することを発見した。これは、「ガウス型」超伝導ゆらぎから期待されるものと合致する。しかし、この現象が起こる温度領域が狭く、また起こるキャリアドープ領域も限られたことから、一般的な擬ギャップは超伝導ゆらぎ由来のものではないことが結論づけられた。

文献：

[1] Guo-qing Zheng, H. Ozaki, W. G. Clark, Y. Kitaoka, P. Kuhns, A. P. Reyes, W. G. Moulton, T. Kondo, Y. Shimakawa and Y. Kubo,

Superconducting fluctuations and the pseudogap in the slightly-overdoped high-T_c superconductor TlSr$_2$CaCu$_2$O$_{6.8}$: high magnetic field NMR study.

Physical Review Letters **85**, 405 (2000).

[2] Guo-qing Zheng, W. G. Clark, Y. Kitaoka, K. Asayama, Y. Kodama, P. Kuhns and W. G. Moulton,
Responses of the Pseudogap and d-wave Superconductivity to High Magnetic Fields in the Underdoped High-T_c Superconductor $YBa_2Cu_4O_8$: NMR Study.
Physical Review B **60**, R9947 (1999).

蒂波渦旋

蒂波両条節，準粒四芒星。
響応何依頼？ 磁場根号形。

(注)「蒂波」: *d* 波 ;「準粒」: 準粒子 ;「響応」: 応答 ;
　　「依頼」: 依存性 ;「根号」: ルート

d 波渦糸

d 波のノードが二本、準粒子が四芒星の形。
応答はどんな依存性？ 磁場のルートに比例。

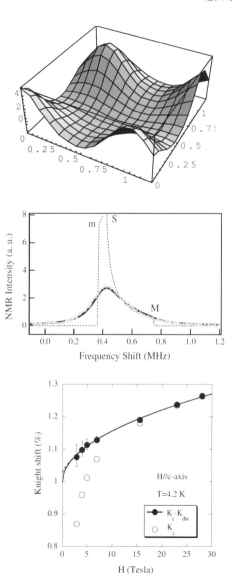

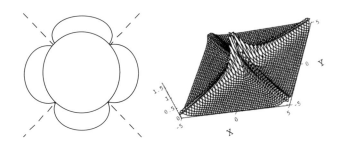

解説： 銅酸化物高温超伝導体が発見されて、真先に興味を
持たれたのが電子対関数の対称性であった。第一章で述べ
たように、従来型超伝導の軌道波動関数は s 波である。そ
れに対して、銅酸化物高温超伝導体の軌道波動関数は d 波
である証拠が積み重なった。これを様々な角度で実証する
ことが重要である。筆者らは渦糸の芯から浸み出す準粒子
を測定することによって d 波超伝導を証明した[1]。超伝導
体に磁場をかけると、磁束が量子化された渦糸の形で侵入
する。渦糸は三角形または四角形の格子を組む。そのため、
超伝導体内部では磁場が不均一になり（前頁上図）、NMR ス
ペクトルが特徴的な形になる（前頁中図）。渦糸の中心では
超伝導が壊れている。d 波の場合、エネルギーギャップが
ゼロになる場所（節、またはノードという）が 4 か所あり、
それが二本の直交する線のように見える（上左図、詩では

「両条節」と表現）。節に沿って、渦糸の中心からギャップのない準粒子が浸みだし、「四芒星」のように見える（前頁右図、同僚の市岡優典教授の原図[2]を編集）。詩の第2句はこのことを詠った。このような準粒子が外場に対する応答として、その状態密度が磁場のルート（磁場の二分の一乗）に比例することを明らかにした（前前頁下図）。

文献：

[1] Guo-qing Zheng, H. Ozaki, Y. Kitaoka, P.Kuhns, A. P. Reyes and W. G. Moulton,
Delocalized quasiparticles in the vortex state of an overdoped superconductor probed by ^{63}Cu NMR.
Physical Review Letters **88**, 077003 (2002).
[2] M. Ichioka, A. Hasegawa and K. Machida,
Physical Review B **59**, 184 (1999).

電子掺雑

超流世界裏，空穴受人尊。
伴侶関聯弱，通常電子論。

(注)「空穴」:ホール(電子が抜けた跡);「関聯」:相関(相
互作用)

電子ドープ

銅酸化物高温超伝導の世界では、ホールが尊ばれる。
ホールの相棒の場合は相互作用が弱く、従来の電子
論に従うからだ。

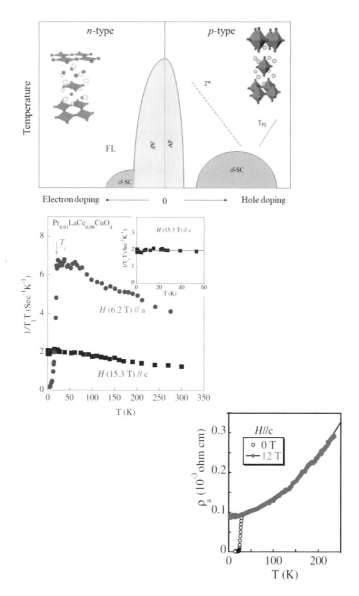

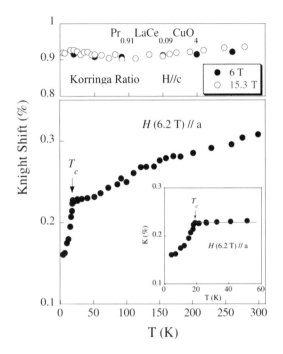

解説：銅酸化物の母物質（La_2CuO_4 や Nd_2CuO_4）に伝導を担うキャリアとしてホールをドープしても電子をドープしても高温超伝導が発現するが、電子ドープの場合は臨界温度が 30K を超えない。一方、ホールドープの場合最高臨界温度が 135K とはるかに高い。そのことを「空穴受人尊」（ホールが尊ばれる）と詠った。電子ドープの臨界温度が低い理由を調べたのが本研究である。その結果、電子ドー

プの場合、電子間の相互作用（相関）が弱い（「関聯弱」と
表現）ことが明らかになった。特に、低温では電子の振る
舞いが通常金属で確立した理論（フェルミ液体論）で理解
できる。それに対して、ホールをドープした場合は相関が
非常に強く、フェルミ液体論から乖離する。詩の中の「電
子論」という表現は、「電子とみなす」という意味と、学問
名称の電子論という意味、の両方を掛け合わせた。

文献：

[1] Guo-qing Zheng, T. Sato, Y. Kitaoka, M. Fujita and K. Yamada,

Fermi-Liquid Ground State in the n-Type $Pr_{0.91}LaCe_{0.09}CuO_4$ Copper-Oxide Superconductor.

Physical Review Letters **90**, 197005 (2003).

終点

銅山有奇景，卅載困愁人。
落石穿蓬帳，揭開新樹林。

(注)「卅」：三十 ;「蓬帳」：テント

終点

銅山には奇妙な景色、三十年間に亘り研究者を悩ます。
そこへ、一石がテントを貫き、新しい森のベールを脱ぐ。

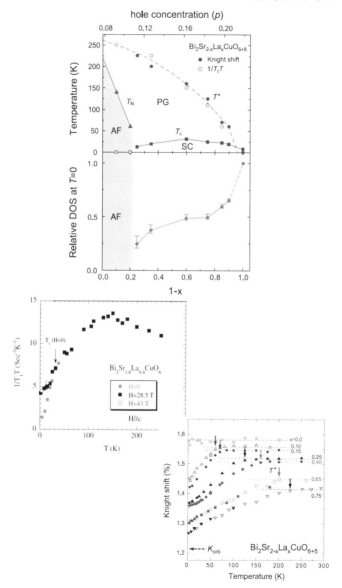

≪日経産業新聞≫
2010 年 10 月 4 日

超電導

特殊電子状態で発生

岡山大解明 常温物質探求に道

岡山大学の鄭国慶教授らと川崎慎司講師らの国際チームは、電気抵抗がゼロになる超電導現象のメカニズムの一端を突き止めた。特殊な電子状態の示す新物質を探すうえで役立つ成果という。

変化で起きている可能性を、強力な磁石を使った実験で確かめた。今後、絶対温度30度（セ氏零ド243度）以下で電気抵抗がゼロになるビスマ冷却しなくても同現象を

≪山陽新聞≫
2010 年 10 月 1 日

銅酸化物の超電導時

電子構造を特定

発生原理の解明寄与

岡山大大学院教授ら

発につながるという。
研究グループによると、銅酸化物の性質が大きく変わって超電導に移行する前段階が、常に変化してい

この異常金属相が電導に深くかかわっていると考えられてき

が存在する。

こうしょうようだろう

本論文はまうしよー

鄭国慶教授

解説：銅酸化物高温超伝導がどうして起こるかはまだ分かっていない。超伝導転移が起こる前の正常状態はまだ十分に理解できていないことが大きな一因である。そこには擬ギャップ（PG, その境界線を「落石」で表現）という奇妙な現象（「奇景」）がある。《前兆》を参照。擬ギャップ終点がどこにあるのか、すなわち擬ギャップのホール濃度に対す

る依存曲線が超伝導ドーム（「蓬帳」）を内包するのかそれとも横切るのかが論争の的であった。本研究により、横切る（「穿」）ことがわかった。本研究の知見を受け、この系に対する研究が多くなされるようになり、新しいプラットフォーム（「新樹林」）が出来上がった。

文献：

[1] Guo-qing Zheng, P.L. Kuhns, A.P. Reyes, B. Liang and C.T. Lin,

Critical point and the nature of the pseudogap of single-layered copper-oxide $Bi_2Sr_{2-x}La_xCuO_6$ superconductors.

Physical Review Letters **94**, 047006 (2005).

[2] S. Kawasaki, C.T. Lin, P. L. Kuhns, A.P. Reyes and Guo-qing Zheng,

Carrier-concentration dependence of the pseudogap ground state of superconducting $Bi_2Sr_{2-x}La_xCuO_6$.

Physical Review Letters **105**, 137002 (2010).

電荷密度波

林中多旧景，暴雨引新波。
磁電纏綿意，情縁待琢磨。

電荷密度波

森の中は見たことのある風景が多いが、暴雨が新しい
波を引き起こす。
磁気（スピン）と電荷が互いに強く絡み合っているが、そ
のわけは今後の研究を待たなければならない。

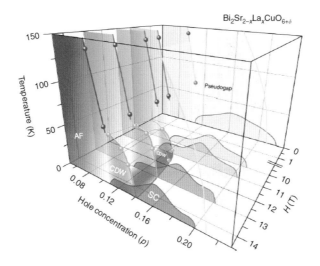

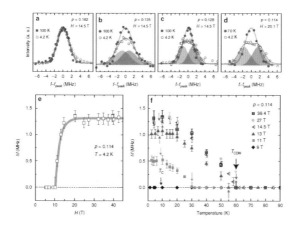

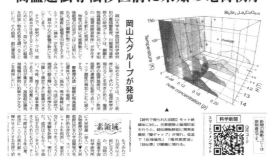

≪科学新聞≫　2017 年 11 月 25 日

解説：前作で述べた銅酸化物高温超伝導体について新たな
発見をした。低磁場で見る限り、他の酸化物と大きな違い
がない（「多旧景」と表現）。すなわち、キャリア量が増加
すると、反強磁性秩序が徐々に消失して超伝導が発現する。
本研究で、擬ギャップ温度が反強磁性相まで続き、擬

ギャップ相が反強磁性相まで内包することが新たに分かった。さらに驚いたのは、20テスラ以上の強磁場をかけると、電荷密度波という新しい秩序相が現れることである。詩では、強磁場印加のことを「暴雨」で表現し、「引新波」は新たに電荷密度波を引き起こすことを言う。通常、磁場はゼーマン相互作用の形でスピンに直接影響を与え、電荷とは結合しない。本研究で観測した系では、スピン（「磁」）と電荷（「電」）がなんらかの形で強く絡み合っていることを示している。「纏綿」は元来、男女間の互いに強く思う気持ちや心がまつわりついて離れない様子を表す言葉である。現時点では、この現象の仕組み（「情縁」で表現）がまだ不明で、今後の研究を待たなければならない（「待琢磨」）。

文献：

[1] S. Kawasaki, Z. Li, M. Kitahashi, C.T. Lin, P.L. Kuhns, A.P. Reyes and Guo-qing Zheng,
Charge-density-wave order takes over antiferromagnetism in $Bi_2Sr_{2-x}La_xCuO_6$ superconductors.
Nature Communications **8**, 1267 (2017).

向列今又是

銅山不見日昇騰，贋隙林中有縦横。
二十余年閑置後，旧田逢雨発新萌。

(注)「向列」: ネマティック ;「贋隙」: 擬ギャップ ;
　　「萌」: 芽

再びネマティシティ

銅山ではいつ経っても日が高く昇らず、擬ギャップという
森の中は縦と横の区別あり。
二十余年耕さずに放置していた旧い田んぼ、雨が降っ
て新しい芽を出す。

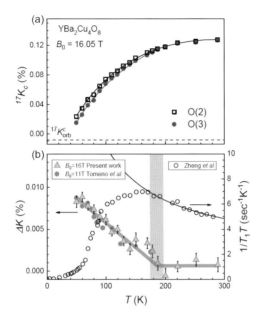

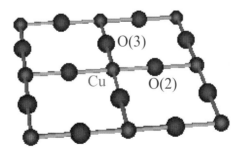

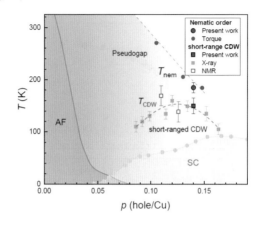

解説：この 25 年間、銅酸化物高温超伝導体の臨界温度は上昇せず、新しい物質も発見されていない。詩の第 1 句がその状況を比喩的に表した。一方、擬ギャップという現象に関する研究では次々と新しい発見があった。我々は、擬ギャップがネマティック的な性質（ネマティシティ、《向列漲落》を参照せよ）を示し、ある温度以下で CuO$_2$ 面内（前頁の下図）の縦方向と横方向に違いが現れることを見出した。横方向にある酸素サイト O(2) と縦方向にある O(3) の両者が、約 180K 以下で振る舞いに違いが生じる。詩の第 2 句がそのことを詠った。このようなネマティシティの出現は回転対称性の破れである（《自旋旋轉対称性破缺 其一》を参照せよ）。また、この研究に用いた試料は 1992 年に作製したもので、長期間使わずに放置していた（「二十余年閑置」と表現）が、今回活用できたことを第 4 句で詠った。電子

のネマティシティは物質の種類を問わず、かなり普遍的な現象である。

文献：

[1] W. Wang, J. Luo, C. G. Wang, J. Yang, Y. Kodama, R. Zhou and Guo-qing Zheng,

Microscopic evidence for an intra-unit-cell electronic nematicity inside the pseudogap phase in $YBa_2Cu_4O_8$.

SCIENCE CHINA Physics, Mechanics & Astronomy **64**, 237413 (2021). doi:10.1007/s11433-020-1615-y.

[2] Guo-qing Zheng, Y. Kitaoka, K. Asayama, Y. Kodama and Y. Yamada,

^{17}O NMR Study of Local Hole Density and Spin Dynamics in $YBa_2Cu_4O_8$.

Physica C **193**, 154 (1992).

鈷氧化物

八百年前別老家，三千里外釉青花。
如今含鈉吸清水，化作蒂波飄彩霞。

(注)「鈷」：コバルト；「青花」：藍染；「鈉」：ナトリウム；
　　「蒂波」：d 波

コバルト酸化物

八百年前は故郷に別れを告げ、三千里離れた場所で藍染の釉薬となった。

今はナトリウムを含み、水を吸っては、d 波となって空を舞う。

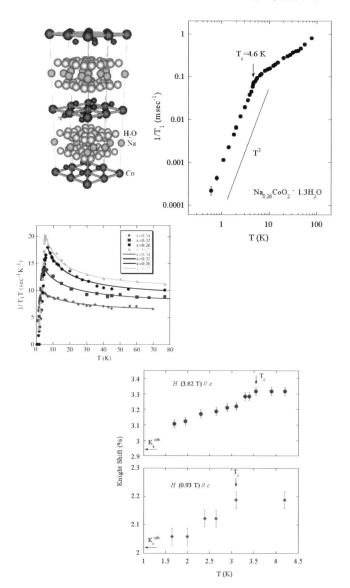

景徳鎮, 1351 年造 ［1］

解説：歴代中国の陶磁器の中でも、「青花」（藍染）がとり
わけ西洋で寵愛された[1]。その青色が最も鮮やかな作品は、
元の時代に景徳鎮で作られたものと言われている。この時
代のもので現在世に伝わっているのはわずか 50 件ほどで
ある。釉薬が決め手であり、純度の高いコバルト酸化物は
中東にしか産出しないことが作品希少の一因である。

　銅酸化物の類縁物質を探索する中で、2003 年にコバルト
酸化物超伝導体が発見された。コバルト酸化物の層間にナ
トリウムを挿入し、さらに水を吸わせると超伝導が発現す
る。結晶構造は銅酸化物に似た層状になっている。しかし、
面内は六角格子構造であり、銅酸化物の正方または長方格
子とは異なる（前頁の上左図参照）。六角格子の構造は

$Cu_xBi_2Se_3$ ですでに見たが（《自旋旋轉对称性破缺 其一》参照）、その変形が次作の《自旋液体》で話題に出る。筆者らはコバルト酸化物超伝導体の超伝導対波動関数が2回対称性をもつ d 波であることを明らかにした[2-4]。銅酸化物高温超伝導も同様に d 波の対称性をもつ。下記論文[2]も欧州物理学会が選んだ「超伝導発見 100 周年を記念する 100 篇の論文」に入選した（《多重能隙》参照）。

文献:

[1] 方李莉，《中国陶瓷》, 五洲传播出版社, 2005年。

[2] T. Fujimoto, Guo-qing Zheng, Y. Kitaoka, R. L. Meng, J. Cmaidalka and C.W. Chu,
Unconventional Superconductivity and Electron Correlations in the Cobalt Oxyhydrate $Na_{0.35}CoO_2 \cdot yH_2O$ from Nuclear Quadrupole Resonance.
Physical Review Letters **92**, 047004 (2004).

[3] Guo-qing Zheng, K. Matano, R.L. Meng, J. Cmaidalka and C.W. Chu, Na content dependence of superconductivity and the spin correlations in $Na_xCoO_2 \cdot 1.3H_2O$.
Journal of Physics: Condensed Matter **18** (2006) L63.

[4] Guo-qing Zheng, K. Matano, D. P. Chen and C. T. Lin,
Spin singlet pairing in the superconducting state of $Na_xCoO_2 \cdot 1.3H_2O$: Evidence from ^{59}Co Knight shift in a single crystal. Physical Review B **73**, 180503 (R) (2006).

自旋液体

菜籃紋目状，三角使人愁。
難得分化子，融融江上流。

スピン液体

野菜籠の紋様、悩ましい三角関係。
幻の分数化した励起を捉えた。それが川の水のように
流れる。

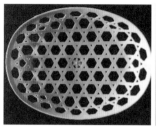

(b)

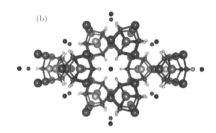

$Cu_3Zn(OH)_6FBr$

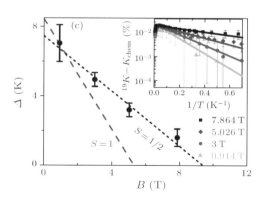

解説：野菜籠の目（前頁上図）のような格子（カゴメ格子）にスピンを配置すると、男女が三角関係に悩むように、スピンもイライラ（frustration）してしまう。エネルギーが得するような向き方を探すのに苦労するからである。スピン間に強い反強磁性的な相互作用を持ちながら、絶対零度まで秩序できないような状態を"スピン液体"という。

　1980年代後半に高温超伝導の発現機構として提案されたスピン液体は、実証が難しい。我々は、$Cu_3Zn(OH)_6FBr$（前頁中図）という新物質において、スピン液体の最大の特徴でありかつ最大の新奇性である分数化した励起（$s=1/2$, 詩では「分化子」と表現）を捉えた[1]。専門的には、このような分数化した励起はスピノンという。前頁下図のように、ギャップの磁場依存性がスピノンに合致する。これは、分数量子ホール効果で見られるような電荷が分数化した現象に匹敵する重要な発見と言える。ホール伝導率の量子化（その値がe^2/hの整数倍または分数倍になる現象）はまさにトポロジーに起因する新奇な量子現象である。そこでは、対称性が破れているわけではない。スピン液体もトポロジカルな性質（トポロジカル絶縁体と同様、Z_2というトポロジカル不変量）を有し[2]、このような物質の表面状態が注目されている。

文献：

[1] Z. Feng, Z. Li, X. Meng, W. Yi, Y. Wei, J. Zhang, Y.-C. Wang, W. Jiang, Z. Liu, S.Y. Li, F. Liu, J. Luo, S.L. Li, Guo-qing Zheng, Z.Y. Meng, J.-W. Mei and Y.G. Shi,

Gapped Spin-1/2 Spinon Excitations in a New Kagome Quantum Spin Liquid Compound $Cu_3Zn(OH)_6FBr$.

Chinese Physics Letters **34**, 077502 (2017).

[2] X.G Wen,

Discovery of Fractionalized Neutral Spin-1/2 Excitation of Topological Order.

Chinese Physics Letters **34**, 090101 (2017).

外尔半金属

不走抛物線，狄啦錐劈双。
抗磁非線性，拓撲界新邦。

（注）「抛物線」：放物線；「狄啦錐」：ディラック錐；
　　「抗磁」：反磁性；　「拓撲」：トポロジカル

ワイル半金属

放物線を辿らず、ディラック錐が二つに分裂。
反磁性は磁場に対して非線形の依存性を示し、トポロ
ジカル物質の世界で新しい構成国となる。

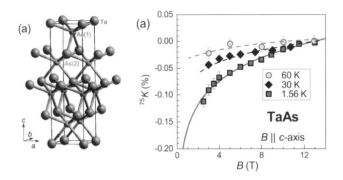

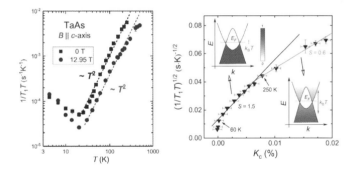

解説： 通常の金属では、電子のエネルギーは運動量の 2 乗に比例し、両者の関係は放物線で表せる。しかし、光速に近い速度で運動する粒子はアインシュタインが提唱した相対論に従う。さらに、もし質量がゼロなら、エネルギーは運動量の 1 乗に比例することになる。そこで、エネルギーと運動量の関係を三次元的に描くと、三角錐のようになる。これをディラック錐と呼ぶ。もしディラック錐の頂点がフェルミ準位に位置すれば、電気を通すが伝導を担うものが少なくなるので、このような物質は半金属となる。TaAs という物質はこのような特性を持つ。なお、フェルミ準位とは、電子によって占領される最も高いエネルギー準位のことである（後出の《奇頻 p 波配対》の解説を参照せよ）。TaAs はさらに空間反転対称性を破っているのでディラック錐が二つに分裂する（「劈双」と表現）。空間反転対称性の破れと超伝導については、次作以降で詳しく論じる。

　TaAs 等の物質は、20 世紀前半から中葉にかけて活躍した数理物理学者ワイル（後出の作および第三章を参照）にちなんで、ワイル半金属またはトポロジカル半金属と呼ばれる。筆者らは、ワイルが議論した数理の性質を反映して TaAs が強い反磁性を示し、しかも磁場に対して非線形な応答を示すなどの性質を明らかにした[1]。スピン液体、トポロジカル絶縁体、トポロジカル超伝導体に次ぐメンバー（「新邦」と表現）である。

文献：

[1] C.G Wang, Y. Honjo, L. X. Zhao, G. F. Chen, K. Matano,

R. Zhou and Guo-qing Zheng,

Landau diamagnetism and Weyl-fermion excitations in TaAs

revealed by 75As NMR and NQR.

Physical Review B **101**, 241110(R) (2020).

空間反演対称性破缺　其一

反演無中点，宇称非守恒。
奔流万里路，磁箭平行征。

（注）「反演」：反転 ;「宇称」：パリティ

空間反転対称性の破れ　その一

反転中心を欠き、パリティが保存しない。
万里を奔流する電子は、そのスピンの向きを平行にする。

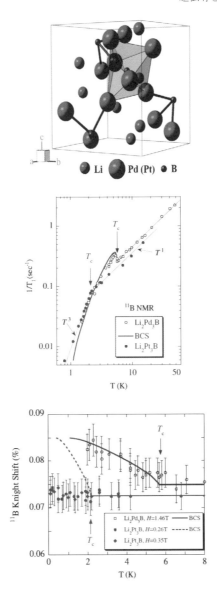

解説：日本庭園の特徴の一つはオブジェがわざと非対称的
に配置されることではないかと思う。物理学では、左右を
ひっくり返しても物事が変わらない（対称な）とき、波動
関数の符号の変化をパリティという。符号が正の場合は偶
パリティ、符号が負の場合は奇パリティという（この章の
最初で詠った「スピン回転対称性の破れ」を参照せよ）。さ
て、空間反転対称的な結晶ではパリティが定義できる。そ
のため、スピン一重項超伝導状態とスピン三重項超伝導状
態は明確に区別でき、両者が混ざることはない。それに対
して、結晶に反転中心がない場合はその限りではない。
Li_2Pt_3B という超伝導体はその類に属し、スピン三重項超
伝導が顕著に現れた。それを初めて捉えた仕事である。教
科書や論文等でスピンを矢印で表す（第一章図10を参照）
習慣に因んで、詩の中では「磁箭」でスピンを表現した。
「磁箭を平行にして遠征する」はスピン三重項状態を言う。

空間反転対称の破れた系で発現するスピン三重項超伝導もトポロジカル超伝導である。

文献:

[1] M. Nishiyama, Y. Inada and Guo-qing Zheng,

Superconductivity of the ternary boride Li_2Pd_3B probed by ^{11}B NMR.

Physical Review B **71**, 220505(R) (2005).

[2] M. Nishiyama, Y. Inada and Guo-qing Zheng,

Spin Triplet Superconducting State due to Broken Inversion Symmetry in Li_2Pt_3B.

Physical Review Letters **98**, 047002 (2007).

空間反演対称性破缺　其二

空間反演無対称，軌道自旋強耦生。
頓首彎腰須足夠，三重超導態方呈。

(注)「耦」：カップリング、結合；「足夠」：充分、十
　　分；「方」：ようやく

空間反転対称性の破れ　その二

空間反転対称性が破れると、スピン軌道結合が生じる。
頭を下げ、十分に腰を曲げて、やっとスピン三重項超
伝導が顕われる。

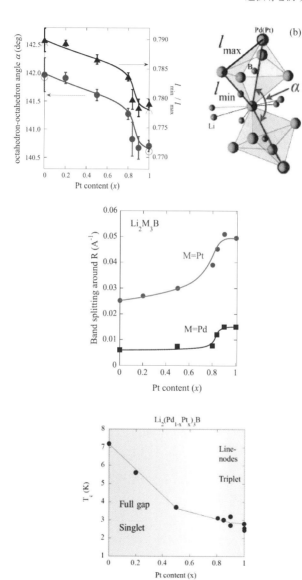

解説：空間反転対称性の破れによってスピン三重項超伝導が現れることを前作で見た。ここで重要なのは空間反転対称の破れによって反対称スピン軌道相互作用（結合）が生まれることである。スピン軌道相互作用はスピン一重項状態とスピン三重項状態を結ぶ相互作用なのである。スピン軌道相互作用が大きければ大きいほど良い。また、超伝導物質に含まれる元素が重いほどスピン軌道相互作用が大きい。その意味では、Pt が望ましい元素である。しかし、Li_2Pt_3B におけるスピン三重項超伝導の発見後、多くの空間反転対称性の破れた超伝導体が合成されたが、スピン三重項超伝導が顕著に現れるものが無かった。本研究は、その謎を解いた。実は、空間反転対称性の破れの度合いが非常に大きくなければならないのである。前頁上右図に示す八面体と八面体を繋げるボンド角 α が小さいほど、空間反転対称性の破れの度合いが大きい。α が 180 度だと、結晶は空間反転対称になる。我々は、α があるしきい値を超えて小さくなって、始めてスピン三重項超伝導が出現することを突き止めた。「頓首彎腰」（頭下げ腰を曲げる）することで α が小さくなるが、腰曲げが充分でなければならない（「須足夠」）。前頁の図では Pt の組成が 0.8 より大きい領域では、α が急激に小さくなり、スピン軌道相互作用が急激に大きくなることを示している。

文献:

[1] S. Harada, J. J. Zhou, Y. G. Yao, Y. Inada and Guo-qing Zheng, Abrupt enhancement of noncentrosymmetry and appearance of a spin-triplet superconducting state in $Li_2(Pd_{1-x}Pt_x)_3B$ beyond x=0.8.

Physical Review B **86**, 220502(R) (2012).

点状節点能隙

鉻砷含碱初超導，漲落猶存磁鉄痕。
能隙若將球上比，北南双極不開門。

(注)「節点」：ノード；「能」：エネルギー；　「隙」：
　　ギャップ；「鉻」：クロム；「碱」：アルカリ金属；
　　「漲落」：ゆらぎ

点状ノードを持つギャップ

クロムは砒素とアルカリ金属と結合して初めて
超伝導となり、そのスピンの揺らぎに鉄の痕跡
が残存する。
この物質の超伝導エネルギーギャップを地球に
例えるなら、南北両極ではドアが開かないとで
も言うべき状況だ。

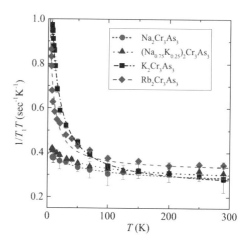

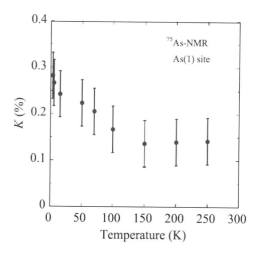

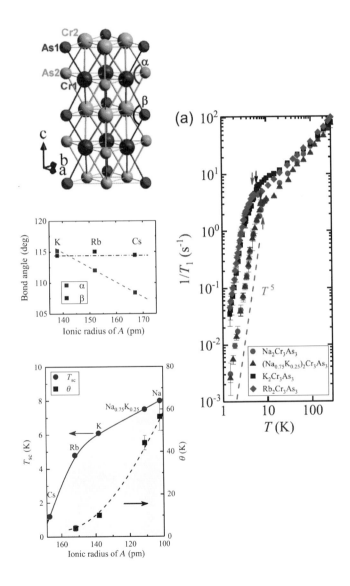

解説：クロムは銅や鉄、コバルトなどと同じく遷移金属元素である。その化合物も超伝導を示すことが 2014 年に発見された。銅酸化物や、水和コバルト酸化物、鉄砒素系と異なるのは、スピンゆらぎの性格が鉄に似ている（強磁性ゆらぎという）ことである。また、超伝導のギャップは、点状のノード（ゼロ点）をもつ。これらのことを筆者らが核磁気共鳴の実験で発見した[1-2]。点状のノードを反映して、スピン格子緩和率が T^5 に比例する。詩では、これを地球に例え、南極と北極でドアが開かない（「不開門」）と詠んだ。さらに、アルカリ金属の半径が大きいほど、Cr2–As2–Cr2 のボンド角 α が小さく、そのため強磁性相互作用が強くなり、系がより量子臨界点に近づくことを見出した（前頁の図参照）[2]。

文献：

[1] J. Yang, Z.T. Tang, G.H. Cao and Guo-qing Zheng, Ferromagnetic spin fluctuation and unconventional superconductivity in $Rb_2Cr_3As_3$ revealed by ^{75}As NMR and NQR.

Physical Review Letters **115**, 147002 (2015).

[2] J. Luo, J. Yang, R. Zhou, Q. G. Mu, T. Liu, Z.-a. Ren, C. J. Yi, Y. G. Shi and Guo-qing Zheng, Tuning the Distance to a Possible Ferromagnetic Quantum Critical Point in $A_2Cr_3As_3$.

Physical Review Letters **123**, 047001 (2019).

発現新超導体

我也学淘金，柏鑭鍺造新。
二元多組合，三載少和音。
面内四方正，晶中反演心。
五倍高臨界，癖波難覓尋。

(注)「也」：も；「鍺」：ゲルマニュウム；「癖波」：p 波；
　　「覓尋」：見つける

新超伝導体の発見

私も金の鉱山を掘りに出かけた。白金、ランタン、ゲルマニウムから構成される新物質を見つけたのだ。
二つの元素間の組み合わせのパターンが多く、三年間いいニュースが少なかった。
面内が正方形で、結晶内に反転中心あり。
これで臨界温度を五倍上げることができたが、p 波を見つけるのは至難の業。

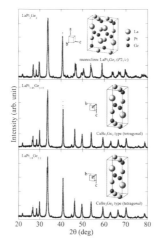

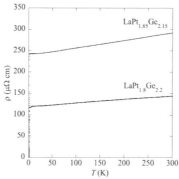

Table I. Space group, lattice parameters and T_c of the three compounds grown in this study. β is the angle between the a- and c-axis.

Compound	Space group	Lattice parameters	T_c (K)
LaPt$_2$Ge$_2$	$P2_1/c$	$a = 10.037$ Å	0.41
		$b = 4.508$ Å	
		$c = 8.987$ Å	
		$\beta = 90.72°$	
LaPt$_{1.85}$Ge$_{2.15}$	$P4/nmm$	$a = 4.396$ Å	1.85
		$c = 10.031$ Å	
LaPt$_{1.8}$Ge$_{2.2}$	$P4/nmm$	$a = 4.395$ Å	1.95
		$c = 10.050$ Å	

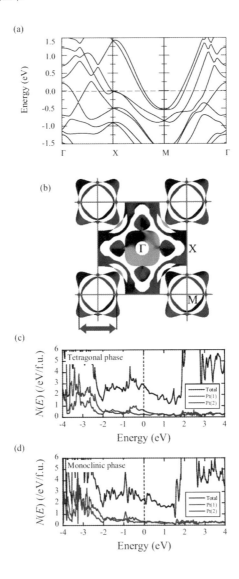

(a)

(b)

(c)

(d)

解説：《空間反演対称性破缺》で詠ったように、空間反転対称性の破れた結晶構造を有しかつ Pt のような重い元素から構成される物質では、スピン三重項 p 波超伝導状態が実現できる。しかし、前出した Li_2Pt_3B 以外では、実際に観測される例はない。さて、$LaPt_2Ge_2$ が空間反転対称性の破れた超伝導体（臨界温度 0.4 K）であることは知られていた。我々のグループはこの系を詳しく調べていた過程で、Pt と Ge の組成比をずらすと（「二元多組合」の二元は Pt と Ge を指す）正方晶（「面内四方正」）で反転中心のある（「晶中反演心」）物質を発見した。さらに、転移温度を 5 倍上げることができた。

文献：

[1] S. Maeda, K. Matano, H. Sawaoka, Y. Inada and Guo-qing Zheng,

Superconductivity in Tetragonal $LaPt_{2-x}Ge_{2+x}$.

Journal of the Physical Society of Japan **82**, 065002 (2013).

[2] S. Maeda, K. Matano, R. Yatagai, T. Oguchi and Guo-qing Zheng,

Superconductivity and the electronic phase diagram of $LaPt_{2-x}Ge_{2+x}$.

Physical Review B **91**, 174516 (2015).

加圧　其一

人遇圧多愁，物経圧密稠。
関聯系加圧，磁性変超流。

（注）　「関聯」：相関

加圧　その一

人間はストレスを感じると憂いが増え、物質は圧力下で
密度が高くなる。
相関系は加圧されると、磁性が超伝導に化ける。

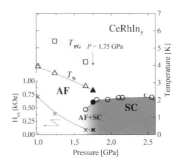

解説：物質の性質を制御する外部パラメータとして、圧力がよく用いられる。加圧すると電子の軌道が重なり、電子密度が高く（「密稠」）なるため、物性がよく変化する。最たる例は、本研究のように、強相関系では磁性が超伝導に変化する（「磁性変超流」）ことである。

文献：

[1] T. Mito, S. Kawasaki, Y. Kawasaki, Guo-qing Zheng, Y. Kitaoka, D Aoki, Y Haga and Y. Onuki, Coexistence of antiferromagnetism and superconductivity near the quantum criticality of the heavy-fermion compound CeRhIn$_5$.
Physical Review Letters **90**, 077004 (2003).

[2] S. Kawasaki, T. Mito, Y. Kawasaki, Guo-qing Zheng, Y. Kitaoka, D Aoki, Y Haga and Y. Onuki, Gapless magnetic and qquasi-particles excitations due to the coexistence of antiferromagnetism and superconductivity in CeRhIn$_5$.
Physical Review Letters **91**, 137001 (2003).

加圧　其二

一僕行単道，高薪有主邀。
専心澄両耳，外尓唱歌謠。

（注）「外尓」：ワイル（物理学者名）

加圧　その二

一人の下僕が道をゆく。「こちらの方が待遇はいいよ」と
誘う声。
心を静め、耳を澄ます。すると、物理学者ワイルの歌が
聞こえてくる。

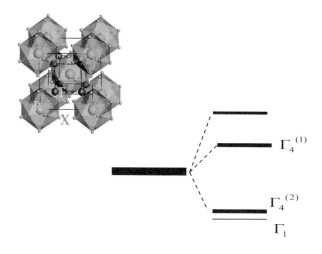

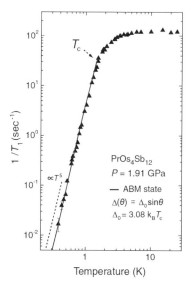

解説： Ce や Pr, U などからできる化合物は、自由電子と局在した f 電子とが混成をしながら動くので有効質量が大きくなり、重い電子系と呼ばれる。実際、比熱係数から見積もった有効質量は自由電子のものと比べると、数百から数千倍大きくなっている。前作と次の二作で詠われている Ce(Rh, Ir)In$_5$ はその典型例である。PrOs$_4$Sb$_{12}$ も重い電子系物質で、4f 軌道に１つの電子が入っている。しかし、入り得る軌道が二つある。これら２つの軌道のエネルギー準位が近接していて、温度が上がると電子が熱エネルギーを獲得するので、電子が上のエネルギー準位に上がることが可能である。詩の最初の２句はこのことを表現した。しかし、圧力を加えると、準位間の励起という雑音が抑えられ、真の姿がはっきりと見えるようになった。スピン格子緩和率 $1/T_1$ が T^5 に比例する姿をはっきりと捉えることができたのである。詩の第３句はこのことを詠っている。我々は圧力下で超伝導ギャップに点状のノードがあることを明らかにした。また、PrOs$_4$Sb$_{12}$ の超伝導状態は時間反転対称性を破っていることが別のグループによって報告された。ギャップに点状のノードがありしかも時間反転対称性を破るような超伝導はワイル型超伝導と呼ばれている。詩の第４句はこのことを指している。なお、時間反転対称性とは物理法則が時間の向きが逆になっても適用できることをいう。ワイルは 20 世紀中葉に活躍した数理物理学者である。前出した《外尔半金属（ワイル半金属）》で見たよう

に、ワイルが理論的に論じた物理現象が最近様々な物質で見つかった。第三章でもワイルにまつわるエピソードについて述べる。

文献：

[1] K. Katayama, S. Kawasaki, M. Nishiyama, H. Sugawara, D. Kikuchi, H. Sato and Guo-qing Zheng,

Evidence for Point Nodes in the Superconducting Gap Function in the Filled Skutterudite Heavy-Fermion Compound $PrOs_4Sb_{12}$: [123]Sb-NQR Study under Pressure.

Journal of the Physical Society of Japan **76**, 023701 (2007).

[2] S. Kawasaki, K. Katayama, H. Sugawara, D. Kikuchi, H. Sato and Guo-qing Zheng,

[123]Sb-NQR study of unconventional superconductivity in the filled skutterudite heavy-fermion compound $PrOs_4Sb_{12}$ under high pressure up to 3.82 GPa.

Physical Review B **78**, 064510 (2008).

[3] H. Kotegawa, M. Yogi, Y. Imamura, Y Kawasaki, Guo-qing Zheng, Y. Kitaoka, S. Ohsaki, H. Sugawara, Y. Aoki and H. Sato,

Evidence for Unconventional Strong-Coupling Superconductivity in $PrOs_4Sb_{12}$: an Sb Nuclear Quadrupole Resonance Study.

Physical Review Letters **90**, 027001 (2003).

准二維重費米子超導体

縦向遭封堵，飄然不自由。
成双成对者，行動也殊尤。

(注)「也」：も ;「尤」：型にはまらない

準二次元的な重い電子系超伝導体

縦方向に行く手を塞がれ、飄々としたい性格の者として
は不自由を感じる。
そういう者同士でペアを組むと、そのふるまいも殊に型
破りである。

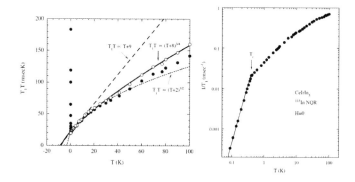

解説：物質は、上下左右あまり区別がないものを三次元的
といい、ある方向（例えば上下方向）に電子が動けない場
合は二次元的という。その中間にあるものは準二次元的と
呼ばれる。Ce や Pr, U などからできる化合物は重い電子系
と呼ばれる（前作参照）。CeIrIn₅ という重い電子系物質は
準二次元的であることを、電子スピンのゆらぎ（「飄然」と
表現）の温度依存性から発見した（上左図）。その超伝導状
態は「非従来型」（詩では「尤」と表現）という性質を示す
ことも明らかにした（上右図）。

文献：

[1] Guo-qing Zheng, K. Tanabe, T. Mito, S. Kawasaki, Y. Kitaoka,
D. Aoki, Y. Haga and Y. Onuki, Unique spin dynamics and
unconventional superconductivity in the layered heavy
fermion compound CeIrIn5: NQR evidence.
Physical Review Letters **86** (2001) 4664.

奇頻 p 波配対

城牆未突破，個個先巡遊。
遊到城牆外，成双蜜不溝。

(注)「頻」：周波数；「牆」：壁；「巡遊」：遍歴；「蜜」：(形容詞)甘美；「溝」：(動詞)溝を掘る、ここでは「ギャップを開く」の意

奇周波数 p 波ペアリング

城壁を突破する前から、個々が先に遍歴し始めた。
城壁の外で結ばれたカップルは、蜜のような甘美な幸せを感じ心にギャップを作りはしない。

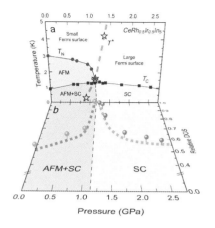

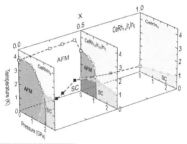

《科学新聞》

2020年9月18日

不純物散乱に強い超伝導 岡山大が発見

岡山大学大学院自然科学研究科の鄭国慶教授、川崎慎司准教授らの研究グループは、重い電子系の超伝導物質において「局在・遍歴転移」の観測に成功、この転移によって不純物散乱に強い超伝導が出現することを突き止めた。

子が「局在し磁性を示す」「遍歴して『重い電子』超伝導となる」という二面性を持つ。川崎准教授によると、重い電子系は、強相関のプロトタイプとして長く研究されてきましたが、超伝導を担う重い電子が生まれる過程（局在・遍歴転移）は明らかになっていませんでした。

セシウム（Ce）などの希土類元素を含む化合物に重い電子系と呼ばれる物質群がある。この重い電子系は、Ceの電

今回は米国や中国のグループとの緊密

解説：フェルミ面とは、運動量空間において電子によって占領される空間とされない空間を仕切る曲面のことである。Ce の 4f 電子は局在性が強く、フェルミ面が小さい。しかし、f 電子が伝導電子と混合すると、動きが身軽になり（遍歴性が増す）、フェルミ面が大きくなる。一般に、外部から圧力を加えると遍歴性が増していく。問題は、フェルミ面の大きさが変わるような転移がどの時点で起こるかである。長い間、この転移は反強磁性秩序（AFM）が完全に消える場所（反強磁性量子臨界点）で起こると信じられていた。我々は、反強磁性量子臨界点よりも手前で、すでに小さいフェルミ面から大きいフェルミ面への転移が起こることを発見した。これが最初の二句の詠ったことである。「城牆」とは、反強磁性転移の温度対圧力の境界線である。「城牆」の外では、フェルミ面の大きいことと反強磁性ゆらぎが強いこととが相まって、奇妙な（odd）な超伝導状態が実現した。奇妙とは、臨界温度が高いのに、ギャップが開かない（「不溝」で表現）ことを指す。このような振る舞いは奇(odd)周波 p 波という超伝導状態から期待される性質である。

文献：

[1] S. Kawasaki, T. Oka, A. Sorime, Y. Kogame, K. Uemoto, K. Matano, J. Guo, S. Cai, L. Sun, J. L. Sarrao, J. D. Thompson and Guo-qing Zheng,

Localized-to-itinerant transition preceding antiferromagnetic quantum critical point and gapless superconductivity in $CeRh_{0.5}Ir_{0.5}In_5$.

Communications Physics **3**, article No. 148 (2020).

doi.org/10.1038/s42005-020-00418-x

[2] Guo-qing Zheng, N. Yamaguchi, K. Tanabe, Y. Kitaoka,

J.L. Sarrao and J.D Thompson,

NQR Evidence for the Coexistence of Unconventional Superconductivity and Antiferromagnetic order in the heavy Fermion Compounds $Ce(Rh_{1-x}Ir_x)In_5$.

Physical Review B **70**, 014511 (2004).

近隣効応

近隣有超導，銅膜也風流。

膜面多波折，方能衆志酬。

（注）「也」：も；「波折」：平坦でない、順調でない；
　　　「志酬」：目的達成

近接効果

隣が超伝導なら、銅の薄膜も雅やかになる。

薄膜の面に起伏があると、はじめて全員がハッピーにな
る。

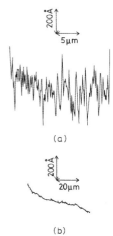

(a)

(b)

Surface roughness
of
Nb-Cu multilayered film

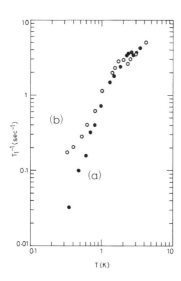

解説：超伝導を示す Nb と超伝導を示さない Cu を交互に積み重ねて作る多層膜では、近接効果によって Cu 層も超伝導になる。詩の中で、「也風流」はこのことをいう。それは、電子が Cu 層と Nb 層の間を行き来できるからである。しかし、本来超伝導を示さない Cu は、多層膜ではどういう超伝導性質を示すのかはわかっていなかった。筆者は学生時代にこの問題を博士課程の研究テーマに選んだ。最初、きれいな薄膜を作ろうとした。きれいな薄膜の表面粗さは前頁上図の(b)で示されている。すると、スピン格子緩和率 $1/T_1$ が前頁下図の白丸のような温度依存性を示す。特徴は、低温で緩和率が温度に対して緩やかな変化を示すことである。これは一部の電子が超伝導になっていないような振る舞いである。この現象はどうしても理解できなかった。そこで、意識的に膜面が起伏するような薄膜を作って同じ測定をした。起伏する薄膜の表面粗さは前頁上図の(a)で示されている。すると、緩和率 $1/T_1$ が前頁下図の黒丸のような温度依存性に変わった。これはすべての電子が超伝導になりエネルギーギャップが完全に開くことを意味する（「衆志酬」で表現）。何故平坦でない（「多波折）」）膜が却って全員ハッピーな結果（「衆志酬」はもともとそういう意味で使われる）をもたらすのか？平坦な膜だと、面に沿って走る電子が Nb 層に行きにくいからと考えた。そこで、新たに膜面が平坦な多層膜で Cu 層に不純物を導入して、電子の軌跡を曲げて Nb 層に行きやすくしてみた。その結果、

期待通りに黒丸に似たような温度依存性を観測すること
ができた[1]。この結果によって立てた仮説が正しいと証明
された。

文献：

[1] Guo-qing Zheng, Y. Kitaoka, Y. Oda, K. Asayama, Y. Obi, H. Fujimori and R. Aoki,
Proximity Effect-Induced Superconductivity and NMR Relaxation in Nb-Cu Multilayers.
Journal of the Physical Society of Japan **60**, 599 (1991).

[2] Guo-qing Zheng, Y. Kohori, Y. Oda, K. Asayama, R. Aoki, Y. Obi and H. Fujimori,
NMR Study of the Proximity Effect in Nb-Cu Multilayers.
Journal of the Physical Society of Japan **58**, 39 (1989).

龐磁効応

万人停滞獨当前，占尽風情地接天。
步伐減軽千百倍，磁場誘序長程縁。

(注)「効応」：効果 ;「步伐」：足取り ;「序」：秩序 ;
　　「長程」：長距離

巨大磁気抵抗効果

万人が停滞したときに一人だけ先鋒となり、天地の間
の風情を独り占め。
足取りが百倍も千倍も軽くなるのは、磁場が長距離秩
序を誘起したためだ。

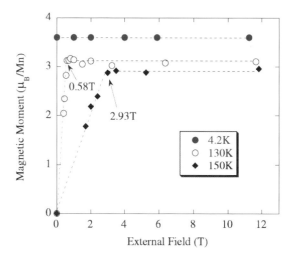

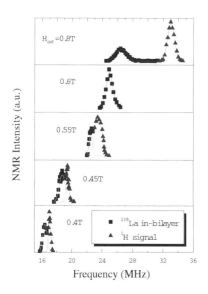

解説 : 銅酸化物高温超伝導の研究が停滞した時期もあった（「万人停滞」と表現）。主な理由は臨界温度の高い新物質が見つからなかったことである。そこで、多くの研究者が銅と同じく遷移金属元素に属するMn（マンガン）酸化物に目を向けた。目的の一つはもちろん高温超伝導の探索であり、もう一つは高温超伝導を理解するための知見の獲得である。特に、結晶構造が銅酸化物に類似したLa-Mn-Oが大きく注目を集めた。「獨当前」（一人先鋒を務める）や「占尽風情地接天」が当時の雰囲気を伝えるものである。この物質系が注目されるもう一つの理由は、磁場をかけると電気抵抗が著しく下がるという巨大磁気抵抗効果にある。巨大磁気抵抗効果はデバイスへの応用が期待できる。詩では、「歩伐減軽千百倍」（抵抗が百倍も千倍もが小さくなるため、足取りが軽くなる）で表した。磁場の効果は長距離秩序（強磁性）を誘起することであり、その結果として二重交換相互作用という機構が働いたため（その「縁」で）電気抵抗が激減する。詩の中の「磁場誘序長程縁」はこのことを指す。核磁気共鳴法を用いた本研究でその証拠を得たのである。

　一言付け加えるならば、マンガン酸化物と銅酸化物高温超伝導体に大きな違いがある。後者は基本的に単一軌道（バンド）の系に対して、前者は多軌道の系である。2008年に発見された鉄砒素系高温超伝導体も多軌道の系である。

文献：

[1] Y. Shiotani, J.L. Sarrao and Guo-qing Zheng,
Field-Induced Ferromagnetic Order and Colossal magnetoresistance in $La_{1.2}Sr_{1.8}Mn_2O_7$: A [139]La NMR Study. Physical Review Letters **96,** 057203 (2006).

脈衝磁場核磁共振

瞬間達高値，刹那定乾坤。
同歩脈衝後，回声留足痕。

（注）「脈衝」：パルス ；「回声」：エコー

パルス磁場下の核磁気共鳴

瞬時に磁場が最大値に達し、刹那に勝負が決する。
シンクロしたラジオ波パルスの後に、エコーが足跡を残す。

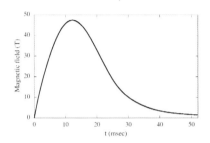

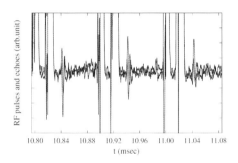

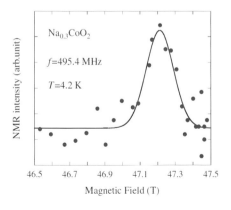

解説：定常磁場の世界記録は 45 テスラである。 1 テスラ
は 1 万ガウス。それ以上の磁場を得るには、パルス磁場に
頼らなければならない。強磁場は新しい物質相を誘起した
り、測定の感度（分解能）を桁違いに向上させたりする能
力があるので、広く物理学の研究に用いられている。第一
章で紹介した漢紫の物性研究にも、30 テスラの強い磁場を
出す磁石が用いられた。また、高温超伝導状態を壊して、
その背後の正常状態を知ることが重要であるが、そのため
には 100 テスラ程度の強磁場が必要である。しかし、その
ような強さを出せるパルス磁場は時々刻々その値が変わ
り、しかもピークが持続する時間は千分の一秒（1 msec）
ほどの短さである（前頁上図）。詩の中でそれを「瞬間」や
「刹那」と表現した。この欠点を克服しながら多くの測定
技術が開発された。筆者らは世界で初めてスピンエコー法
による核磁気共鳴の観測に成功した。前頁中図はラジオ波
パルスの後にエコー（「回声」）が足跡（「足痕」）を留す（の
こす）様子を示している。この技術の確立により、高温超
伝導体の低温における正常状態を微視的な実験手法に
よって観測する道が開かれた。前頁下図はコバルト酸化物
で観測した NMR スペクトルである。

文献：

[1] Guo-qing Zheng, K. Katayama, M. Nishiyama, S. Kawasaki,
    N. Nishihagi, S. Kimura, M. Hagiwara and K. Kindo,

Spin–Echo NMR in Pulsed High Magnetic Fields up to 48 T.

Journal of the Physical Society of Japan **78**, 095001 (2009).

[2] Guo-qing Zheng, K. Katayama, M. Kandatsu, N. Nishihagi,

S. Kimura, M. Hagiwara and K. Kindo,

^{59}Co NMR at Pulsed High Magnetic Fields.

Journal of Low Temperature Physics, **159**, 280 (2010).

第三章　超伝導士の春秋

流星群

満天爍爍満天星，飛向南邊一束螢。
帯水拖泥刹那逝，寄言不及望清冥。

（注）「爍爍」：煌々

流星群

煌々と輝く満天の星。そこへ南に向かってビームのように飛んでくる蛍の流れ。
尾を引きながら瞬時に消え、願い事を託す暇もなく遠い空を仰ぐ。

解説：夏に流星群がやって来る。多くの人にとっては、子供の頃、特に夏休みの楽しみではなかったかと思う。皆さんは流れる星にどんな願いを託しただろうか？天文学者、宇宙物理学者や超伝導研究者は、流れ星をみてそれぞれ自分の専門を考えることが多いかもしれない。実は、中性子星というものがあって、その内部では超伝導が起きていると考えられている。金属中で超伝導を担うのは電子であるが、中性子星の内部で超伝導を担うのはバリオンである。

漁村觀星空

台風一過夜，收火聚空庭。
仰望全天頂，馳思滿目星。

漁村の星空

台風一過の夜、灯を消し庭に集う。
パノラマの空を仰ぎ、満天の星に思いを馳せる。

解説：前作で中性子星内部が超伝導になっていることを述べた。中性子星の内部で超伝導を担うのはバリオン（baryon）である。これは３つのクォークから構成される亜原子粒子であり、素粒子物理学の研究対象である。このように、超伝導は非常に幅広い学問分野（固体物理学、素粒子物理学、天文学）が扱うトピックスである。

　実は、中性子星内部に関する最近の研究トピックスの一つは二重ギャップ(two gaps)超伝導というテーマである。まさに第二章の《多重能隙》で詠ったようなことが遥か遠く離れた星でも起きているのである。これには、自然法則の普遍性ということが関わっている。物理学の世界では、異なる分野において全く同じ法則が適用できることが多い。例えば、原子核内にある陽子間に働く斥力と、金属中の電子間に働く斥力が同一の方式（同じ距離依存性）に従うという驚くべき事実がある。また、１，３，５などのような素数に存在する“あるルール”が、そのまま原子のエネルギー間隔に適用するという不思議な現象がある。

二相

飛燕台風狂発飆，関西空港水中愁。
海浜沿路奇光景，一半春天一半秋。

(注)「飆」：暴風

二相

"チェービー(飛燕)"台風が猛威を振るい、関西空港
が水の中。
海沿いの道路が奇妙な光景、半ば春半ば秋の色。

解説： 物理学の研究対象は、自然界で起きている様々な現象の一部であるため、当然ながら物理現象は日常の光景と共通する部分があったりする。また、日常の自然現象からヒントを得て、物理現象を説明するための理論やモデルを構築することもある。この詩で詠った「半ば春半ば秋」という光景は、物理学では「相分離」という現象に該当する。超伝導研究の分野でいうと、研究の初期には「半ば常伝導半ば超伝導」ともいうべき「二流体モデル」が考えられ、超伝導を現象論的に理解しようとした歴史がある。今はこのモデルが否定されている。しかし、どんな物理現象に対しても、現象論から始まり、理解を深めながら最終的な微視的理論に到達する、という歴史が繰り返されてきた。

悼

意尊三巨匠，心愛五方程。
拓撲糾纏態，当傳君笑声。

（注）「拓撲」：トポロジカル；「糾纏」：entangled,
　　　entanglement（もつれる）の意；「態」：電子状態；
　　　「当」：きっと、必ず

悼む

君は三人の巨匠を心から尊敬し、五つの方程式をこ
よなく愛した。
電子の波がトポロジカルに絡み合い、遠くに行ってしまっ
た君の朗らかな笑い声をきっと届けてくれるだろう。

解説：これは、現在隆盛のトポロジカル物理学や高温超伝導研究分野の先駆者で、2018 年 12 月 1 日に急逝した Shou-Cheng Zhang スタンフォード大学教授に対する追悼詩である。氏は文部科学省の科研費「新学術領域研究」課題「トポロジーが紡ぐ物質科学のフロンティア」の国際評価委員であった。この詩は研究領域のニュースレターに掲載されたものである。　詩の中の「三巨匠」とは P. Dirac（ディラック），A. Einstein（アインシュタイン），C.N. Yang（ヤン）の三人のノーベル受賞者のことである。「五方程」は Yang-Mills 方程式、Dirac 方程式、Einstein の $E=mc^2$ 方程式，楕円方程式 $y^2=x^3+ax+b$，及びエントロピー増加の式を指す。第二章で見てきたように、超伝導研究の最新のトピックスはトポロジカル超伝導である。トポロジーはもともと数学の概念であるが、それを導入して物理現象を分類して理解することによって新たな高みを目指す潮流ができつつある。この中で、Shou-Cheng Zhang 氏が大きな役割を果たした。まさにトポロジカル物理学分野の開拓者である。また、高温超伝導の発現機構に関する氏の理論 "SO(5)理論"も一世風靡し、学界に大きな影響を与えた。第一章と第二章で述べたように、高温超伝導は反強磁性相の近傍で現れる。SO(5)理論はこのことに注目した対称性に基づく理論である。この理論では、高温超伝導と反強磁性をコインの表と裏と見る。直感的にもわかりやすい画期的な理論である。

校園即景

椰樹高高南国近，白雲淡淡北風遅。
一年佳景深秋日，七彩繽紛正午時。

(注)「繽紛」：色とりどり

キャンパス即景

椰子の木が高々とそびえ南国に近い。白い雲が薄々
と漂い北風が遅い。
一年のうち最も美しいのは深い秋の日、キャンパスが七
色に染まった正午のこの時。

解説：岡山大学には大勢の超伝導研究者が集まっている。一時期、理学部物理学科では半数以上の教員が何らかの形で超伝導研究に携わっていた。理学部の他学科、工学部及び教育学部にも超伝導研究者がおり、互いに協力関係を作りながら研究を進めてきた。このような研究体制は世界的にみても珍しい。これには様々な要素があるが、キャンパスの美しさも一因と考える。研究者にとって、研究の合間の息抜きや意見交換が重要である。欧米で重要視されるのは午後のコーヒータイムやランチタイムの集いである。筆者も経験したが、カリフォルニアの青空の下、清々しい浜風に吹かれながら物理を議論するのは贅沢であった。この美しいキャンパスに野外コーヒースペースが加わればと思うときがある。

意外

歳末寒風烈，蕭蕭落葉黄。

春櫻誤時節，坼坼吐芬芳。

(注)「蕭蕭」：落ち葉の音 ;「坼坼」：風を切り裂く音

意外

年末身にこたえる北風、蕭々(しょうしょう)と落ちる黄色
い葉。

桜が季節を勘違いして、シュッシュと気を吐く。

解説：物質科学研究の目指すところは、大雑把に言えば、新しいもの（新物質、新性質や新機能、新概念）の発見である。その過程で重要な転機となるのは往々にして「意外性」である。大発見と言われるものには意外なものが多い。実は自然界自身もたくさんの意外性を孕んでおり、我々に多くのことを教えてくれている。この詩で詠った桜も真冬に咲くという意外性を示し、改めて研究者は既成観念にとらわれてはいけないと教えられた気持ちであった。

判別

斧臂小螳螂，紫薇中納涼。
人過也不避，雨落才逾牆。

(注)「紫薇」：猿滑

判別

斧のような腕をしたカマキリ、猿滑の枝に紛れて涼む。
人が横を通っても気にせず、雨が降ってようやく壁を越え
て逃げた。

解説：自然界には多くの生物が環境に適応しながら生きている。前頁の写真のカマキリも人間を含めた外敵に簡単に見分けられないように進化してきたことであろう。このカマキリに気づいたときに、超伝導の研究においても「いかにして雑然とした現象（木の葉）の中から本質（カマキリ）を見つけられるか」が重要だと、改めて教えられた気がした。

凝視

遠看疑為两峻峰，近凝方覚藝雰濃。
海山児女勤労作，汗水澆来膳桌豊。

（注）「海山」：平潭島の旧称

凝視

遠くから見たときは二つの切り立った峯かと思った。近く
でじっとみるとようやく高い芸術性がわかった。
離島の人々は勤勉で、その汗が食卓上に豊かさをもた
らしている。

陳星　撮影

解説：遠くから見ていたものが、近くで目を凝らして見ると実は別物だった、という経験は誰にでもあろう。自然科学研究においても同じことが言える。常日ごろから様々な視点で観察する目を養い、感性を磨くことが重要である。

苦瓜（兼赞某获奖数学家）

青面直身衣皺姿，秋來結実細弦枝。
外観清爽中心異，多少苦辛人得知。

(注)「多少」：どれぐらい

苦瓜（某数学者の受賞に寄せて）

青い顔、真直な背筋に皺だらけの衣。秋が来て細い
弦枝に実を結ぶ。
外見が涼しげでも真中は違う。その辛さや苦さを知る者
は何人いるだろうか。

解説 : 前作で遠近によって異なる風景が見えることを論述
したが、ものは見かけと内面も異なることが往々にある。
物理現象もそうであるし、それを研究する人についても同
様である。一つの新物質を見つけるにしても、一つの新機
能を見つけるにしても、他人の知らない多くの苦労があり、
目に見えない努力がなされている。それは、まさにこの詩
で詠った苦瓜の「外観清爽中心異」に重なる。

卜算子・水仙

沿岸陸橋旁，

默默凌波吐。

無懼蒸蒸海水辛，

無畏晨霜苦。

不為暗香蔭，

不占他人土。

趁着梅花未綻時，

她在風中舞。

(注)「卜算子」：詞牌（詞の題名）；

　　「凌波」：水仙をいう；「暗香」：梅をいう

卜算子・水仙

海沿いの陸橋の横で、
静かに咲く。
蒸し蒸しとした海水の塩分を恐れず、
早朝の霜の冷たさをものともしない。

梅の木が作った陰がお目当てでもなく、
余分の土地を求めるわけでもない。
梅の花が咲く前に、
風の中で舞うだけだ。

解説：水仙という花は非常に逞しい。どんなに厳しい環境にも耐えてちゃんと花を咲かせる。自然科学の研究も多くの場合は長丁場であり、孤独である。時には研究環境が整わないこともある。水仙が梅の木の下の狭い地面で花を咲かせるがごとく、他人の装置を借りてでも協力を得ながら研究の目標を達成したいものである。

曹源寺

臨済宗禅寺，伽藍内両層。

山門号護国，正殿明法灯。

左与天台友，右同霊廟朋。

曹源堂舎裏，只見碧眸僧。

(注)「霊廟」：大光寺霊廟門

曹源寺

臨済宗禅寺は、その伽藍が二層構造になっている。

山門は護国と号し、正殿に仏灯が点す。

左は天台宗の寺、右は大光寺の霊廟門。

曹源寺のお堂には、青い目をした僧侶しか見かけない。

解説：異文化交流の重要性が現在広く認識されるように
なった。曹源寺の修行僧がほとんど欧米人であるのを目の
当たりにして改めてそう思った。自然科学研究の場におい
ても同じことが言える。同じ専門分野の仲間同士の議論は
もちろんのこと、時には、異分野の研究者との交流から思
わぬアイデアや発想を得ることがある。これは筆者も多く
経験したことである。物理学の分野では、素粒子研究者の
南部陽一郎博士が、ある若手研究者による超伝導に関する
セミナーを聞いて「対称性の自発的破れ」という概念を着
想したという。博士はこの業績により後にノーベル物理学
賞を受賞した。

空海修行地

長安地高処，密教盛名揚。
惠果傳空海，真言播扶桑。
詩人誦曇壁，文客吟清涼。
可惜千年後，院空無法堂。

(注)「惠果」：(けいか、746 年– 806 年 1 月 12 日)、中国
　　唐代の密教僧で空海の師。長安の青龍寺において日
　　本を含む東アジアの様々な地域から集まった弟子た
　　ちに法を授けた。

空海修行の地

長安の小高い丘、密教の聖地として名を馳せる。
惠果が空海に法を授け、真言宗が日本に広まった。
文人が寺院で詩を詠み、墨客が涼を求めて訪ねてき
たものだ。
残念ながら千年余りが経ったあと、当時の寺院はなくな
り、再建されたお堂にも僧侶の姿がない。

解説：前作で異文化交流について触れたが、その前駆者とも
いうべき人は空海であろう。空海（弘法大師）は今の香
川県善通寺市の出身で9世紀初めに長安に渡った。惠果に
ついて最新の仏教を学び、「大日経」や「金剛頂経」に基づ
く密教を日本に導入した。高野山を開き、密教を発展させ、
日本における真言宗を確立させた。なお、真言とは密教の
聖なる呪句のことである（松尾剛次：＜仏教入門＞、岩波
ジュニア新書）。当時の人々にとって最も深淵な学問は仏
教であった。それに対する研鑽をたゆまぬ空海の姿勢は現
代の自然科学を志す若者にも学ぶところが多い。

福原愛

暢流東北調，歷戰四魔王。
含笑瓷娃臉，粉絲存八方。

(注)「瓷」:陶磁器; 「臉」:顔; 「粉絲」:ファン(fans)

福原愛

流暢な東北訛りの中国語、四魔王と互角に戦う。
微笑みが絶えない陶磁器人形のような顔、熱心なファンが八方に。

解説：前作で空海が異文化交流の前駆者と述べたが、現代の異文化交流の実践者は福原愛元卓球日本代表と言えよう。10代で日本から飛び出し、強者に果敢に挑戦する姿は多くの感動を呼んだ。自然科学研究の分野でも「武者修行」が様々なレベルで奨励されている。海外留学の機会が以前より格段に増えているにもかかわらず、実際に利用する若者は多くないと見受けられる。ぜひ、このキャンパス外で研究経験等を積み、ファンといわなくとも仲間を増やしてほしいと思う。なお、福原愛選手は瀋陽のプロ卓球チームに所属し、「瓷娃」の愛称で親しまれていた。ここでいう「東北調」は中国東北地方訛りの中国語のことである。また、「四魔王」は王楠，張怡寧，丁寧，李暁霞の各選手（いずれも五輪金メダリスト）を指す。

和郭沫若先生

　　後樂旧園景，烏城新鍍金。
　　延綿丹頂鶴，不負主人心。

(注)「負」：裏切る，そむく

郭沫若先生に唱和する

後楽園は旧い景色、烏城は新しい金塗り。
延綿と伝わる丹頂鶴は、贈り主の心を忘れぬ。

解説：郭沫若氏は岡山大学の前身である旧制第六高校に学んだ文学者、考古学者で、中国科学院の初代院長を務めた。氏もまた異文化交流の実践者であり、異分野横断の研究者であった。元々医学を志して医学部に入学したが、徐々に文学や考古学へと活躍の場を広げていった。医学部在学中にすでに多くの現代詩を発表していた。詩と医学や考古学との距離も遠いようで近い。ノーベル物理学賞を受賞した湯川秀樹博士の言葉を借りれば、「詩と科学は出発点も目標も同じであり、途中の道が異なるだけ」（湯川秀樹：＜詩と科学＞）である。

　ちなみに、後楽園にある詩碑（前頁の写真を参照）に刻まれた郭沫若氏の原文は以下の通りである。

　　　　　後楽園仍在，烏城不可尋。

　　　　　願將丹頂鶴，作対立梅林。

（後楽園は以前のように在るが、烏城は見つからない。一対の丹頂鶴をここに贈ろう。梅林に佇んでおくれ。）

回頭

緑水柔陽二月風，梅花嬌艶雪消融。

春林一里回頭処，数朵白雲飄碧空。

(注)「朵」：花や雲を数える数詞

振り向く

水が青く日差しが柔らかい二月。雪が溶け梅の花が
妖艶。

一里の春林を抜けて振り返ると、碧い空に白い雲が数
片漂っていた。

解説：来た道を振り返ってみると、前方のみを向いて進んでいたがために見えなかった景色に気づくことは、誰もが経験したことであろう。自然科学は、自然に対する認識を形成する学問である。努力を重ねて形成した認識（見方）を振り返って別の角度から見たとき、まったく別の風景に見えることがある。超伝導の分野で後にノーベル賞を受けたシュリーファー(J.R. Schieffer)博士が大学院生の頃、無我夢中に超伝導理論を構築しようとしたがうまくいかず、ある日地下鉄の中で既存の二つの理論を「振り返った」ことによってまったく新しい着想を得たというエピソードがある。《曹源寺》の解説で述べた「ある若手研究者」とはこのシュリーファー博士のことである。

酔芙蓉

晴日弥弥短，秋声漸漸濃。
亦知假將尽，争艶酔芙蓉。

(注)「弥弥」：ますます； 「假」：連休や夏休みのような
休日

酔芙蓉

昼間がますます短くなり、秋の色がだんだん濃くなってき
た。
連休がまもなく明けることを知っているかのように、酔芙
蓉が競って咲き誇る。

解説：この詩とこのあとに続く数首では、「観察と記録」を
テーマにする。これは特に実験系研究にとっては、基本的
なプロセスであり重要な技能である。実験で観察した現象
や観測条件を細やかにノートに記録し、後で「振り返る」
ことができるようにすることは研究者としての基本であ
る。そのような技能の向上は、研究室でなくとも日頃から
養成できる。実験室でのノート取りは、公園で見た光景を
写真として、または詩として記録しておくことと同じなの
である。

校園早春

三月東風暖，四周櫻早開。
蝶蜂応納悶，不見花痴来。

（注）「納悶」：不思議がる ； 「花痴」：花の愛好家

早春のキャンパス

三月の東風は暖かく、周りの桜が早くも咲く。
蝶々や蜜蜂はきっと不可解に思っている。「花見客が
来ないのは何故なんだろうか」と。

解説：2019 年の暮れから発生した新型コロナウイルスが、
2020 年に入ると世界的なパンデミックとなった。それを受
けて、学生の登校禁止や教員の研究自粛の措置が取られた。
また、世界中の研究集会が中止された。研究の形態も授業
様式も大きく変わる歴史的な大事件となった。そのことを
「記録」に留めた一首である。

立秋

炎炎三伏日，人盼立秋涼。
恰有台風至，雨敲空底塘。

（注）「三伏」：夏至から立秋すぎまでの期間

立秋
炎天続く三伏の候、立秋の節気、涼が待ち遠しい。
ちょうど台風がやって来て、雨粒が空っぽになった池の
底を敲く。

解説：池の水がすべて蒸発してしまうほどの猛暑を「雨敲
空底塘」（雨粒が池の底を敲く）として記録した。超伝導の
研究には液体ヘリウムを頻繁に使う。研究室にある古い実
験ノートを読むと、時刻の横には測定の内容とともに、必
ず実験容器に入っているヘリウムの液面位置が記録され
ている。ページをパラパラめくるだけで、ヘリウム液面の
減り具合からその日の進行が目に浮ぶ。そして、その日の
ノートは液面が「空底」になる直前で終わる。寒剤が貴重
で高価なので、一滴も無駄にしない意気込みが伝わる。

白露

白露今朝降，紅都秋日柔。
昆明湖緑水，漸解藍天羞。

白露

今朝きらきら光る露が降り、赤に染まった都の秋、日差しは柔らかい。

周りの緑が倒影した昆明湖の水は、青空の恥じらいを徐々に解いていく。

解説：「藍天羞」は青空が滅多に顔を出さないことをいう。秋の日のひと時の風景を「白、紅、緑、藍」の４色を用いて、ノートに書き留めた。後年になってからもこのノートから当日観察した景色が蘇る。実験ノートの役目も同じである。一か月経っても一年たっても読み返すとその日の観測内容がわかるように書くことが重要である。良いノートから有用な情報やヒントが得られることが多い。

夕陽入海

天邊生紫氣，海水閃金光。
小院中洲裏，秋櫻夕照黃。

夕日が海に入る

空の果てに紫の雲が生じ、海水が金色に耀く。
中洲にある小さな庭で、コスモスが夕日に照らされ黄
色く輝る(ひかる)。

解説：この詩も、「観察」と「記録」がテーマである。ワークショップの宿から見た夕日をその日の講演内容を記録したノートの隅に走り書きした。後日読み返すと、ワークショップの内容がその時の風景とともに目に浮かんできた。風景が記憶を助けてくれたのかもしれない。

母親節覽《留守母子》画

稲花郁郁稲杆黄，稲梱沉沉道路茫。
子仿母姿繊步走，風來母擋子身旁。

（注）《留守母子》：金光遠　作
　　　http://www.360doc.com/content/14/1015/14/15652283_4
　　　17154571.shtml
　　　「茫」：ぼんやりとした；「擋」：遮る、阻止する

母の日に《留守母子》の画を見る

稲の花がいくいくと薫り、稲のわらが黄色い。稲の束が
重く、行く道がもやもや。
子は母を真似て小さな步を進め、母は子の傍に寄り添
い風避けとなる。

解説：この詩と後に続く３首では、「観察と想像」をテーマにする。自然科学の研究過程では、先に述べた「記録」の次に続くプロセスは「想像」である。物理学者は頭の中でモデルを「想像」して、物理現象を理解しようとする。まず、得られたデータから、シナリオ（モデル）を立てる。それが正しいかどうかをさらに新たな「観察」によって検証する。乖離があればモデルを修正するか全く新しいモデルを立てる。そういうサイクルである。想像力の養成は何も研究室でないとできないことはない。むしろ、日常生活の中で訓練できることが多い。画家の作品を見て、何を表現しようとしているのか、何を伝えようとしているのかを「想像」することは、自然科学の研究過程の一環である「見立てる」ことと同じである。「想像」に関しては、科学と芸術に境界がない。

梅子

不畏西風冷，歴経霜露寒。

繊繊一枝子，喚醒滿牙酸。

梅の実

冷たい西風に負けず、霜や露の寒さに耐えて。

細々とした枝に結んだ実は、口いっぱいの酸味を呼び
覚ます。

解説：大学生の頃、「連想ゲーム」という NHK の番組をよく見た。この章の最初のところで同業者や異業者との交流が重要であると述べたが、それはその過程で聞いたことや得た情報から「連想」したり、「想像」したりすることで、意外な成果が得られることが多いからである。研究も、「梅子」から「牙酸」を連想するようなことの繰り返しである。観測データから、物理現象の背後にある真の根源に辿りつくまでは想像力が大きな役割を果たす。

母親節前夕遊玫瑰園

陣陣芬香撲鼻來，紅黃白紫競相開。
"芭蕾麗娜"園邊綻，祝福雖輕別心裁。

(注)「芭蕾麗娜」：バレリーナ（バラの品種名）；
　　「別心裁」：独創的

母の日の前日にバラ園を訪れる

香りが絶え間なくやってくる。紅、黄、白、紫のバラが
競って咲いている。
"バレリーナ"が公園の脇で花開く。小さいながらも個性
的な形が目を引く。

解説：この詩では「観察」、「想像」に加えて、「特色」や「オリジナリティ」をテーマにする。バラ園の中で、色とりどりの大輪のバラが咲き誇る中で、公園の脇で静かに開く一株のバレリーナ。小さくても目を引く。「祝福雖軽別心裁」は母の日に向けて祝福の声が小さいがしっかり届くという意味で、「山椒は小粒でもピリリと辛い」に似た句である。ちなみに、「別心裁」は他とは違って独創的という意味である。科学研究においても同じことが言えるのではないか。他人とまったく同じことをやっていたら、園の中に数多くあるバラの一株に過ぎない one of them になってしまう。むしろ、バレリーナのように小さくても注目される仕事（only one）に価値があるのではないか、と思える光景であった。

美与真

風調樹葉緑，歩仄母姿慈。
日日労何為，啾啾心上児。

(注)「仄」：平坦でない；「啾啾」：鳥の鳴き声

美と真

心地良い風、青い木々の葉。心もとない足元、慈愛あふれる母の姿。

日々何のために労を重ねるのか?「"心"の中でピーピーと鳴いているわが子のためよ。」

(https://www.pinterest.jp/pin/96194142021388248/)

解説：この詩では、「観察」、「想像」に加えて、「美と真」もテーマである。科学研究は真を追求する活動であるが、美と真は切っても切れない関係にある。古代中国の思想家荘子は西暦紀元前４世紀頃すでに「原天地之美達万物之理」（天地の美に基づき万物の理に達する）と説いている。「真なる故に美」とよく耳にする。一方、第一章に出てきたディラックや第二章で触れた数理物理学者ワイルをはじめ、多くの物理学者は「美なる故に真」と考える。ワイルは、真と美で二者択一を迫られたら後者を選ぶとまで述べている。実際、ディラックもワイルも提唱した方程式がその当時明らかに実験と合致しなかったのだが、美しいがために簡単に捨てなかった。ディラック方程式は、後になって「真」と証明された。また、ワイル方程式は、より美しいYang-Mills 方程式（第三章《悼》を参照）をもたらした。

　これまでに確立された他の物理学の理論体系も、余計なものが何一つなく美しいものばかりである。マクスウェル方程式が然り、アインシュタインの相対性理論も然り。この詩で詠ったハート（「心」）マークの緑葉は自然美であり、親鳥の「心」も美（母性愛の美）であり、真である。

　第二章で論じた「対称性」も美と深く関わる。＜荘子＞では、「有以為未始有物者, 至矣, 尽矣」（宇宙未形成の頃が最も美しい）という自然認識が記されている。宇宙の初期は最も対称性が高い。2400 年前の人々は対称性の高いものを美としていたようである。

餛飩

"餛飩"始于唐，身粗体不長。
可憐千載後，換着"烏冬"裳。

(注) "餛飩"はもともと唐の都、長安あたりの食べ物で太
　　くて短い。日本に伝わったあと名前も形も変遷して
　　"うどん"となった。今では日本から中国にうどんが
　　逆輸入され、名前も"うどん"の音訳である"烏冬"
　　になった。

うどん

"餛飩"は唐から伝わり，その身が太く体は長くない。
ああ、千年余りが経つと故郷では"烏冬"という服を着
せられるはめに。

解説：自然科学研究も社会人文学研究も疑問をもつことから始まる。手軽な庶民食であるうどんはどこから来たのか、誰でも一度ぐらいは疑問をもつことがあろう。うどんの起源を探るために、生涯を捧げたほど深掘をした研究者が論証を重ね、この詩で詠った結論に達した。その研究者とは1950年代に京都大学文学部の教授を務めた方であるが、真を追求することに関して言えば、文系も理系も区別がない。また、一途さが重要であることは多くの先人が手本を示してくれた。いずれにしても、常に好奇心を持つことは人生を豊かにすることである。

立冬

行至立冬寒不同，山城内外樹青紅。

風中老骨加鞭策，雪裏尋求一歳豊。

立冬

立冬まで来たら寒さも違う。山に囲まれた町の内外は、
木々は青色だったり、紅色だったり。

風の中、老骨に鞭。「雪が降る頃には一年の豊作を」
と願いつつ。

解説：この詩と後に続く4首では、超伝導研究者の「生態」ともいうべき日常を詠う。よく「収穫の秋」というが、多くの理工系研究者、特に大学院生や卒業研究に取り組む学部4年生にとって、秋から初冬にかけては一年の頑張り時である。雪がちらつく年末の豊作のために、最後の踏ん張り時なのである。

下津温泉

傍峰倚嶺潤膚匀，高碱重曹香似醇。
剩癒酸肩疲乏足，好迎雪後一山春。

下津温泉

峯の傍に佇み、丘に寄り添って、肌を万遍なく潤う。アルカリ性で重曹をたっぷり含み、酒に似た香りが漂う。
肩痛や足の疲れを余すところなく癒してくれる。雪が溶け山いっぱいに広がる春を迎える準備としては持ってこいの場所だ。

解説：温泉に浸かることを幸せに感じる人は多いであろう。疲れをとるとともに、その温泉の成分は？なぜ温泉が出るのか？なぜこの場所なのか？といろいろな疑問や質問を発するいい場所だとも思う。そして、夢を巡らせるいい場所でもあろう。超伝導研究者が温泉に集まれば、湯船で超伝導体を磁石の上に浮かせたいという室温超伝導の夢を語り合うだろうか。

論文

友朋同慶年初夜，我対数符空逡巡。
待脱書生迂腐帽，屠蘇伴手共吟春。

(注)「書生」：学者；「迂腐」：世事に疎い、融通がきか
　　ない

論文

友人たちがそろって正月を祝う夜に、私は数式や記号
と睨めっこ。
「融通がきかない」というブランドの帽子を脱いだ暁に
は、屠蘇酒を手に共に春を謳おう。

解説：この詩は超伝導研究者の生態を端的にさらしたも
のである。研究は「なぜ？どうして？」と疑問を発する
ことから始まる。そして、「気になること」や「引っかか
ること」をとことん考えることが謎の解明に繋がる。そ
れが週末だろうと正月だろうとお構いなし、というのが
常である。

学会帰途行李未帰

輾轉五千里，身披三寸灰。
歴經雷与雨，迷子翌宵回。

学会から帰るも荷物が帰らず

五千里の道を転々とし、体に厚み三寸の埃を被る。
雷雨を経験して、翌日の夜に迷子がようやく帰って来た。

解説：この章のはじめに、同業者との交流が大事と述べた。
交流活動の様式が様々であるが、国内学会、国際学会や同
人研究会などが重要な場である。情報を収集するために、
時には遠くまで出かけることもある。この詩で詠ったのは
学会出張でのハプニングである。３０年ぐらい前はよくあ
ることであったが、荷物が間違って別の航空便に乗せられ
てしまう。今はコンピューターによる管理によって滅多に
起こらなくなったが、それでもたまにはある。

赴美前日遊公園

春風三月日，繡眼鳥離巢。
紅白梅爭艷，嬌羞桃隱苞。
仙子凌波面，茱萸笑樹梢。
明朝美洲路，花絮滿背包。

（注）「赴美」：渡米 ;「繡眼鳥」：メジロ ;「仙子」：水仙 ;
　　「凌波面」：波をかきわけて進むような軽やかさ（水
　　仙の美しさに対する比喩）;「茱萸」：しゅゆ。グミ
　　科の落葉または常緑低木 ;「背包」：バックパック

渡米前日に公園を訪れる

風が清々しい三月の日、メジロが巣立つ。
紅梅と白梅が艶姿を競い、桃の木はまだ恥ずかしそう
に蕾を隠す。
水仙が風になびき、茱萸が枝先で笑う。
明朝は米州への旅路、リュックに花びらをいっぱい詰め
て。

解説：前作で述べたような出張途次のハプニングにめげず、国際学会に出かける。2017 年 3 月にアメリカ物理学会で「トポロジカル超伝導」のシンポジウムが企画され、筆者も講演に招待された。テーマは第二章の最初で論じた$Cu_xBi_2Se_3$という物質を中心とした超伝導である。日常の雑務に追われたあげく出発直前になってようやく講演の準備に取り掛かるはめになり、その息抜きに公園を訪れた。春の到来を告げる花々に励まされ、元気をもらったひと時であった。

附録

　ここには漢詩の結構について簡単に述べたあと、一部の作を日本語訳なしの「演習問題」として載せておく。

　近体詩形式の漢詩には三つの要素がある。（１）平仄（ひょうそく）のルールに関する格律、（２）押韻（韻を踏む）、（３）詩形。そのうち、（１）は漢字の発音に関係する。元来、漢字の発音は平声（ひょうしょう）、上声（じょうしょう）、去声（きょしょう）、入声（にっしょう）の４種類あり、上、去、入声はすべて仄声である。（２）に関しては、偶数句の最後の字は必ず押韻しなければならない。第１句は押韻してもしなくてもよい。韻とは、音節（母音）が同一の字を一括りにしたもので、最初の韻書は三国時代に編集されたと言われている。例として、この後に出てくる第１，２，５首の詩は韻字「台、栽、開、杯、梅」を使っている。この韻を「灰韻」という。日本語の音読みで読むと、音節が同じであることがよくわかり、リズム感が伝わると思う。（３）については、４句からなるものを「絶句」といい、８句のものを「律詩」という。また、10 句以上のものを「排律」という。「律詩」と「排律」にはさらにもう一つのルールが加わる。最初の２句と最後の２句を除いた間の句には「対仗」（２句からなる対句形式）を施す必要がある。この後に掲載した詩と詞の中には、12 句の「排律」詩が２首含まれている。古代の科挙試験には、必ず 12 句

の五言排律の詩作が出題されていた。さて、(1)の格律に戻るが、平声韻五言絶句の場合、基本形が次のようなものである（太字は韻字を表す）。

仄仄平平仄，平平仄仄**平**。

平平平仄仄，仄仄仄平**平**。

ここから変形したものが３つあって、計４つのパターンがある。

　明治時代までは日本でも大量の漢詩が作られていたが、近代の詩人たちは字典や韻書を片手に上記のようなルールに従いながら詩作したという。実は、今の中国においても多くの人がほぼ同じことをやっている。それは、漢字の発音が元代に入ってから大きく変わったからである。上で挙げた５つの「灰韻」字のうち、前の３つと後の２つとでは微妙に母音が変わっている。前者が ai で、後者が ei である。また、第三章の《美与真》の詩では、「児」という字を使っていたが、北京を中心とした中国の北方ではその発音が変わってしまった（アルと発音される）ので、この詩を現在の標準語（普通話）で読むと「出韻」（韻外れ）の感じが甚だしい。むしろ日本語の音読み（ji、ni）は第二句の慈（ji）と同韻を保っている。しかし最大の変化は何と言っても、入声（仄声）が現在の普通話では失われ、その多くが平声に変わってしまったことである。幸い、中国の南部の沿岸地方、朝鮮半島や日本には入声が残っているので、そういう地方の言葉がわかる人は、漢詩を読むのも書

くのも比較的に楽である。日本語の発音から唐や宋の時代の漢字の発音を推測できる場合もある。日本語の音読みのうち、「フ、ツ、チ、ク、キ」で終わる2音節のものは、すべて入声の漢字である。例えば、鴨（アフ）、結（ケツ）、七（シチ）、国（コク）、石（セキ）は入声であったが、現在の標準語ではすべて平声（第一声または第二声）として発音されている。

　漢詩のしくみやその吟作についてさらに興味のある読者は、＜漢詩のレッスン＞（川合康三、岩波ジュニア新書）や＜唐詩概説＞（小川環樹、岩波文庫）を参照されたい。因みに、小川環樹は湯川秀樹の弟である。

1. 傳

《COVID-19 之叢花》
鳩訪蜂飛小露台，月余禁足卉苗栽。
即今重返飄蓬路，却憶叢花旧日開。

《扶桑花》
幾周眉不展，多日未銜杯。今早胸舒暢，只因朱槿開。

《杜鵑花》
絡繹村前路，年来却不同。只今惟躑躅，依旧笑春風。

《金魚草》
野老窩兔宅，金魚群一盆。若非疫情緊，哪解青帝恩。

《梅》
露重户難出，風颭門不開。無言慰群友，寄去幾枝梅。

《学術集会》
学会家家集去除，講堂处处座空虚。
老夫今日閑無事，聊下厨房学煮魚。

《郊遊》
三月農閑季，僻村春日明。征儒何所向？坡上紫雲英。

《春芳》
五月晨風爽，薔薇蕊正香，花繁七葉樹，羽扇紅橙黃。

《万博梅林》
春林一畝一高台，一半含苞一半開。
一白一紅鬪芳艷，花迷一樹一徘徊。

《南紀梅林》
万樹一梅林，緋紅各淺深。遊人繞垂莖，蜂鳥恋花芯。

《菊》
依例郊遊到却遲，幾分惆悵幾分痴。
秋風掃尽緋紅紫，唯見菊盆端麗姿。

《彼岸花》
雨後秋風裏，慵慵対論文。抬頭望窗外，凜凜露中君。

《秋櫻》
天高白雲淡，氣爽單車輕。十里迢迢至，為逢秋裏櫻。

《山茶花》
休言寒九寂無花，小樹坡前笑自誇。
雨害風傷何所懼，淺紅淡紫亦芳華。

《仙客來》
轉瞬一年去，須臾仙客來。聽余說世事，莫嗇陪三杯。

《黃都吟》
村南徑鋪黃杏葉，街北鵲巢空樹頭。
早起開簾觀戶外，十尋不見使人愁。

《研究所庭院》
凝聚園中百樹紅，芳香小徑貫西東。
人歡日暖寒行遠，鳥怨風遲霧蔽空。

《北国週末》
一夜強風驅密霧，秋光暖暖九天開。
可憐黃葉離枝去，魅惑菊香招客來。

《〈印象西湖〉之印象》
似幻似仙如細流，水清火艷歌声柔。
不嗟黃葉飄寒巷，且看佳人舞暖丘。

《偶遇》
北風颯颯刺膚寒，旧友相逢共晚餐。
今日同行懷昔日，平安夜裏話平安。

《鄉賢》
寒冬臘月聚皇都，兩個鄉賢一腐儒。
積素凝華已融化，玉光清酒唯半壺。

《長相思•同窗來訪》
陸上飛，海上飛，飛到東瀛看古槐。京都塔畔陪。
茶一杯，水一杯，金色魚蝦鮮海苔。人疑故里歸。

《搗練子•同窗会》
大巴士，跨三村。不見当年番薯原。
落日風車灘北轉，傳聞南語殼丘論。

《浪淘沙•同窗会》
海島轉南風，麗日融融。最懷共誦在一中。
朗朗書声驚睡鳥，朝旭初紅。
幾載各西東，水闊山隆。今宵慶倖与君同。
我勸皆斟瓊酒滿，一飲觴空！

《同窗会之鄉土料理》
同鍋食六頓，美味滋舌尖。
魚麵湯清淡，明蝦肉嫩甜。
“天長地久”脆，“運轉時來”粘。
若許得閑日，再帰君莫嫌。

《寄恩師》
处暑悄悄過，秋風漸漸涼。聞師近小恙，默默祈安康！

《観旧時画》
入夜依然酷熱同，起身擦汗月光中。
回床一覚到天亮，因夢童年房上風。

《長相思·〈紅蜻蜓〉》
早霞紅，日融融，虹彩蜻蜓麦野中，河邊一牧童。
晚霞紅，日匆匆，遙郡他鄉白髪翁，聞歌忽動容。

《卜算子·歲月》
日日俯昂間，軀億東途踩。
夢裏雲中百往來，歲月穿七載。
犬子固成年，牽繫心常在。
祷母安康弟妹祺，拜廟猶無怠。

《探母》
風塵僕僕越蕉田，老母接迎門檻前。
腰曲背駝眉臉皺，窮愁孤独又一年。

《贈言》
花開時節送君去，今歲花開迎尔回。
花耐風霜方結蕊，木經雨雪始成材。

《鵲橋仙・小児二帰廬》
炎炎日赤，吱吱蟬噪，仲夏心煩意悩。
小児春後二帰廬，笑談那，天天起早。
淺淺月色，高低瑩焰，一里送行夜道。
歡言喜語說新巢，檢票口，依依拳抱。

《代言》
秋水映藍天，人思小樹前。今生何幸福，因有遇君緣。

《婚禮祝賀詞》
庚子金秋日，祥云百里青。
千山竹芦蔚，万水荷宁宁。
蝶结俊才子，红衣绰娉婷。
鸳鸯出岚渚，比目游闽汀。
一片衷心愿，遥遥自远町。

《賀友人任校長》
漫漫醫學道，步步篤求真。巨塔雖秋淺，旋迎一片春。

《郎平頌》
傷口三千処，風雲四十年。嘔心携後進，重返五洲顛。

《協和平潭援鄂医療隊頌》
鄂中風雨急，天使馳江城。不問方艙苦，惟爭早日晴。

《醫者同學頌》
扶傷治病索新知，攜後育人嚴屬師。
三十五年如一日，清晨早出夜歸遲。

《賀同學獲獎》
立足山區二十年，隔坡平整造梯田。
保林竹節溝交錯，苗木果蔬連水天。

《観 CCTV〈恢復高考〉有感》
一声驚四座，一筆絵新图。学子多更運，神州始復蘇。

《讀北大女生作文〈賣米〉》
顆粒晶瑩出疊山，誰詢汗水幾相關。
夢鄉未至花先謝，多少來人老淚潸。

《搗練子•李叔同與春山淑子》
"晚晴"外，"虎跑"邊，芳草青青連碧天。
多少悲欣隨苦樂，世間交集化為煙。

《悼念陳菊生老師》
鏡頭記事六十年，行遍壇南潭北湾。
神鳥高鳴奇狀石，鴛鴦理翅南寨山。
黄駝沐浴晚霞裏，紫菜飄搖雲彩間。
百幅洋洋故里畫，融融情感催我潸。

《哭林誠梁老師》

恩師弟天下，一世滿仁慈。

教室傳良識，閭閻播善知。

叮嚀宜走遠，吩咐勿帰遲。

昨夏牽徒手，今冬問返期。

音容猶閃現，誨諭永貽垂。

万里求真路，天涯泣此時。

《林誠梁老師周年祭》

隆勳與高德，萬古駐青山。疾疾周年過，盈盈淚更潸。

《悼念北京大學教授韓汝珊老師》

始遇夏威夷，先生年富時。

重逢理論所，共議超導磁。

歲末郵文選，年初寄祝辭。

中関村集会，楓葉山質疑。

墾墾学風秉，孜孜師德遺。

韓公突西去，晚輩不堪悲。

《亡父忌日悲懷》

生男育女百般艱，世事人情压窄肩。

填海築堤工有份，開荒造地耕無田。

春風始訪歡晨起，冬露突來痛不眠。

今日児孫多得俸，何由寄達柴米錢？

2. 道

《謁亀岡穴太寺》
幌列穿山洞，行人逆碧流。
海棠妝小驛，野牡傍茶樓。
猿滑齊高塔，杜鵑圓短丘。
天台宗古刹，脈脈說春秋。

（野牡：野牡丹；猿滑：紫薇）

《謁寶福寺》
知秋草木換新裝，上下丘陵半赤黃。
臨済宗門六百載，佛心禪語解愁腸。

《道成寺》
天台宗寺逾千年，佛塔三重聳院前。
暖暖春風催万蕊，枝垂櫻綻百般妍。

《宿総持院》
千米真言立，天空密教城。
如來菩薩像，般若心經聲。
齋戒三回合，勤行一處營。
無明盡冥想，俗客忘歸程。

（勤行：讀經儀式）

《高山寺》
面向太平洋，深秋不見霜。長安源佛塔，遍照南扶桑。

《法源寺》
法海真源未見薺，先聞刺耳頌歌聲。
貞觀正統皇恩浩，雍正乾隆御筆橫。
弱宋欽宗尊態失，遺臣枋得碎旗擎。
但求天下無哀雁，香火觀音殿上生。

《再謁法源寺》
灰磚圍法海，古樹敝真源。明帝碑難辨，清皇匾尚存。

《慈寿寺》
永安慈寿塔，八角玲瓏姿。对对浮雕像，双双佑四時。

《再拜曹源寺》
体憊周闌午，蹣跚向佛宮。来程一囊滿，帰路内皆空。

《巫山一段雲•北京臥佛寺》
恬靜西山上，千年古寺中，
臥姿銅佛啟朦朧，慈憫古今同。
蕭院逢柔雨，斜坡迎細風，
道旁辞別白梧桐，懷坦襟胸空。

《盛夏》
八月初旬過，九州入伏深。
熱波日複日，昏腦沉加沉。
銷暑奔東路，納涼依薄襟。
溫泉蔚藍海，冉冉空浮心。

《大理》
大理千尋塔，巍峨傍旧城。深知洱海綠，見証古邦榮。

《華清池》
融融驪麓華清池，絕代佳人洗玉脂。
不尽芳流今已竭，綿綿長恨更何知。

《象鼻湾》
旧日同窗聚，停車象鼻湾。炎天阻人步，白渚半途還。

《白滨》
南紀有白滨，高高椰樹林。貓熊愈疲眼，海獸喚童心。

《宿漁村》
漁村万籟寂，穹頂千星熹。客憶童年夜，月光当燭時。

《溪邊憶蘆洋》
落日蘆洋彩，紫雲秋暮光。溪邊松柏樹，疑是木麻黃。

《蕎麦館貞寿庵》
古寺門前"貞寿庵"，籠盛蕎麦山葵甘。
征儒尚有三千路，忍別銘漿"荒走"壇。

《賞紅葉》
滿臉老人斑，滿腮鬍子頑。永觀堂賞葉，談笑至東山。

《皇都好日》
四月東風霧遠行，香山西望塔分明。
北無柳絮半空舞，南有櫻花稀客迎。

《陶然亭》
偷得一時閑，綠洲聽早蟬。晨風驅署浪，不醉也陶然。

《巫山一段雲•離奇遭遇》
暴雨傾盆降，機場積水流。
困居艙內兩鐘頭，行客心憂愁。
牛步趨跑道，亀排待起浮。
突然回轉返航樓，為應一人求。

《歐洲高鐵 Thalys》
列車奔駛邑城間，窗景無邊尽麦田。
磚瓦連排経百載，繁栄豈是依拆遷。

《德国逢同窗》

三十七年一面謀，柏林啤酒供銷愁。

衷腸烈膽時時現，舊貌童容處處留。

海北天南言未盡，古今中外語難休。

相期再會握朋手，五月陽春心上秋。

《布達佩斯遊学》

藍色多瑙河，細風傳牧歌。清流旁樹綠，碧落下人和。

《国際会議旅途 其一》

二千公里路漫漫，韓国空中幾轉盤！

終見燕城南北道，翻騰又向仁川灘。

《国際会議旅途 其二》

金浦機場補燃油，倍疲老体短時休。

機魁決定回原地，空姐無言行客愁。

《国際会議旅途 其三》

無可奈何束路戻，似曾相識客帰来。

歷時一日零一夜，重過羽田関税台。

《APS March Meeting: New Orleans》

密西西比河弯處，独立搔頭思万般。

小草遭風狂虐辱，只緣身在最先端。

3. 節

《戊戌人日》
人日風霜霽，雲間七彩虹。戊春夕猶旺，耀出一年豐。

《臨江仙•元宵夜》
三五皎宵風烈烈，添衣漫步橋邊。玉盤光轉万般妍。
山川雖異域，圓月應同天。
眺望西南雲驟處，思奔淚湧心懸。點香発願觀音前。
蒼空無黑暗，明燭永延綿。

《穀雨》
地潤薫衣紫，天逢穀雨晴。人間多事季，野老思農耕。

《母親節憶童年》
冷雨侵石厝，寒風穿木門。弟兄何得暖？父母体軀溫。

《父親節憶近扫亡父墓》
亻石山頭處處荊，昔時薯地缺耘耕。
孤烏掠首輕輕囀，何似叮嚀囑咐聲。

《父親節受禮》
為師無所愧，為父未曾柔。聞子拜洋節，老夫双淚流。

《庚子端午》

画草當門艾，視屏觀賽舟。番鍋煎面餅，迷你也風流。

《己亥端午》

窗外吱吱蟬噪長，離家三十八端陽。
昨宵夢遇兒時伴，笑問何方是故鄉。

《立秋見百日草盛開》

酷暑連宵旦，立秋涼不來。老人憔悴尽，小菊怡然開。

《七夕翌日》

綠楊芳草鵲帰途，織女牛郎暢吸呼。
最是一年秋好處，天藍雲白近皇都。

《庚子七夕》

歲歲佳期約，家家乞巧忙。幾多昔織女，今為宅男狂。

《中元》

陰霾殘暑中元日，鬧巷喧街刺耳歌。
蓮畔寄思遙碧落，今宵天国月如何。

《白露逢台風海神》

九月依然灼熱陽，天雖白露不秋光。
海神疑似知人意，千里捎來一陣涼。

《秋分》
海上紫雲霞，庭前萼距花。秋分連祝日，來此避風沙。

《中秋寄同窗》
昨夜霜摧葉，今朝雨漲池。天涯逢二節，萬里共佳時。

《重陽》
黑霧陰陰灰粒揚，燕都處處路茫茫。
山花搖擺西郊外，今歲北風異樣涼。

《冬至》
神州冬至夜，大地漫飛灰。遙祝親們福，我傾手中杯。

《臘日》
臘日多風暖，今年雪濕衫。屏中見粥果，飢腹更催饞。

《鵲橋仙•小年（和劉辰翁）》
依常晨起，天天去路。冷氣薄雲輕霧。
橋邊梅下水仙花，黃白瓣，橙芯歡吐。
故鄉何遠，童年何處？不記小年何度。
人間無以得飄然，唯夢裏，凌波飛舞。

《除夕》
歲暮小庭旁，星輝弓月長。茶花開滿樹，圓柏有芳香。

あとがき

　いつしか研究成果や日頃思ったこと、大学生・大学院生に伝えたかったことを漢詩の形で日記に書き留めるようになりました。その中から 60 首を選び出し、新たに 1 首（緒言）を書き加え、計 61 首に日本語訳と解説を付けました。本書をまとめるにあたり多くの方々にお世話になったことを申し添えます。岡山大学出版会の方々からは本書の構成について貴重なご意見を頂き、特に猪原千枝氏には原稿の修訂等で大変お世話になりました。図の作成と体裁の調整には研究室の同僚と大学院生が、書名の決定や解説の作成に際しては家族の者が協力してくれました。この場をお借りして、関係者の方々にお礼申し上げます。最後になりましたが、超伝導の世界に導いてくださった朝山邦輔先生（大阪大学名誉教授）に深謝致します。

鄭 国慶　Zheng Guo-qing

1985年3月神戸大学理学部卒業；1990年3月大阪大学博士課程修了（工学博士）。大阪大学基礎工学部助手・助教授を経て、2004年4月岡山大学理学部教授。

 岡山大学版教科書　　**超伝導を詩う**

2021年3月1日　初版第1刷発行

著　者	鄭 国慶
発行者	槇野 博史
発行所	岡山大学出版会
	〒700-8530　岡山県岡山市北区津島中 3-1-1
	TEL 086-251-7306　FAX 086-251-7314
	http://www.lib.okayama-u.ac.jp/up/
印刷・製本	研精堂印刷株式会社

© 2021 鄭 国慶　Printed in Japan　ISBN 978-4-904228-68-5

落丁本・乱丁本はお取り替えいたします。
本書を無断で複写・複製することは著作権法上の例外を除き禁じられています。